ISBN 978-3-409-31581-4     ISBN 978-3-663-13358-2 (eBook)
DOI 10.1007/978-3-663-13358-2

**Die Herausgeber**

Professor Dr. Günter E b e r t ,

geboren 1939 in Heidelberg, lehrt an der Fachhochschule Nürtingen Betriebswirt-
schaftslehre und Rechnungswesen. Er ist Mitglied von Prüfungsausschüssen für
Industrie-Fachwirte der IHK Mittlerer Neckar.


Diplom-Volkswirt Dieter K l a u s e ,

geboren 1938 in Breslau, ist Referent für berufliche Weiterbildung und allgemeine
Erwachsenenbildung im DIHT.


Professor Dr. Eduard M ä n d l e ,

geboren 1936 in Geislingen (Steige), vertritt an der Fachhochschule Nürtingen
die Fächer Volkswirtschaftslehre und Genossenschaftswesen. Er ist Mitglied eines
Prüfungsausschusses für Handels-Fachwirte der IHK Mittlerer Neckar.

**Der Autor**

Prof. Dipl.-Ing. K. *Fischer,*

1944 in Geislingen (Steige) geboren, studierte an der
Universität Stuttgart Elektrotechnik und schloß sein
Studium mit der Diplom-Hauptprüfung und dem
Grad eines Diplom-Ingenieurs ab. Seit Oktober 1971
ist er Dozent an der Fachhochschule Nürtingen für die
Fachgebiete Datenverarbeitung und Mathematik.

# Grundlagen
# der Automatisierten Datenverarbeitung

Von

Prof. Dipl.-Ing. K. F i s c h e r

## Inhaltsverzeichnis

# A. Datenverarbeitung als Organisations-Hilfsmittel

Die **Datenverarbeitung** ist ein wichtiges sachliches und methodisches **Hilfsmittel** zur Strukturierung von organisatorischen Abläufen, insbesondere von informationellen Arbeitsprozessen (vgl. Hub, Betriebsorganisation, S. 70). Der **Computer** stellt ein wichtiges **Sachmittel** der Organisation dar. Die Datenverarbeitung hilft somit, das Ziel der Organisation zu erreichen, nämlich möglichst günstige Bedingungen zu schaffen, unter denen sich betriebliche Aktivitäten vollziehen. Diese Hilfe wird geleistet z. B. durch die in einem Rechenzentrum vorliegende Sachmittelzentralisation (vgl. Hub, Betriebsorganisation, S. 27) und wirkt sich aus in z. B. der Möglichkeit der Verbesserung
— des Einsatzes von Betriebsmitteln,
— der Lagerhaltung,
— der Auskunftsbereitschaft,
— der Durchlaufzeiten,
— der Arbeitseffektivität von Mitarbeitern usw.

Ziel dieses ersten Kapitels ist es, das Hilfsmittel Datenverarbeitung in seiner Bedeutung, seinem Aufbau, seiner Funktionsweise, seinen Möglichkeiten aber auch in seinen Grenzen vorzustellen.

## I. Ziele und Möglichkeiten der Datenverarbeitung

**Lernziel:**

Sie sollen den Begriff der Datenverarbeitung sowie die Ziele und Möglichkeiten der Datenverarbeitung speziell im kommerziellen Bereich kennenlernen.

### 1. Daten

In einem Betrieb wird ständig Kommunikation betrieben. Dazu werden Nachrichten, die den Menschen über etwas informieren (Informationen) ausgetauscht. Diese Informationen setzen sich aus Daten zusammen.

*Datum = Einzahl des Begriffs „Daten"*
*= Menge von Zeichen, denen ein bestimmter Begriffsinhalt zugeordnet ist.*

Ein Datum ist also nicht eine willkürliche Aneinanderreihung von Zeichen (Buchstaben, Ziffern, Sonderzeichen), sondern eine Aneinanderreihung von Zeichen so, daß dadurch ein bestimmter, den Menschen informierender Begriff (z. B. ein Name, eine Artikelbezeichnung, eine Kundennummer) entsteht. Anschaulicher läßt sich der Begriff des Datums und der Daten wie folgt angeben:

*Daten sind Angaben zu Personen, Dingen und Sachverhalten.*

**Beispiel:**

> — Adresse des Kunden,
> — Kundennummer,
> — Bezeichnung, Nummer und Anzahl der bestellten Artikel,
> — Liefertermin.

Daten lassen sich nun nach verschiedenen Gesichtspunkten gruppieren, je nachdem, ob der Aufbau der Daten aus einzelnen Zeichen, der Verwendungszweck der Daten oder der Grad der Beständigkeit der Daten von Interesse ist:

**— Gruppierung nach dem Aufbau aus einzelnen Zeichen:**

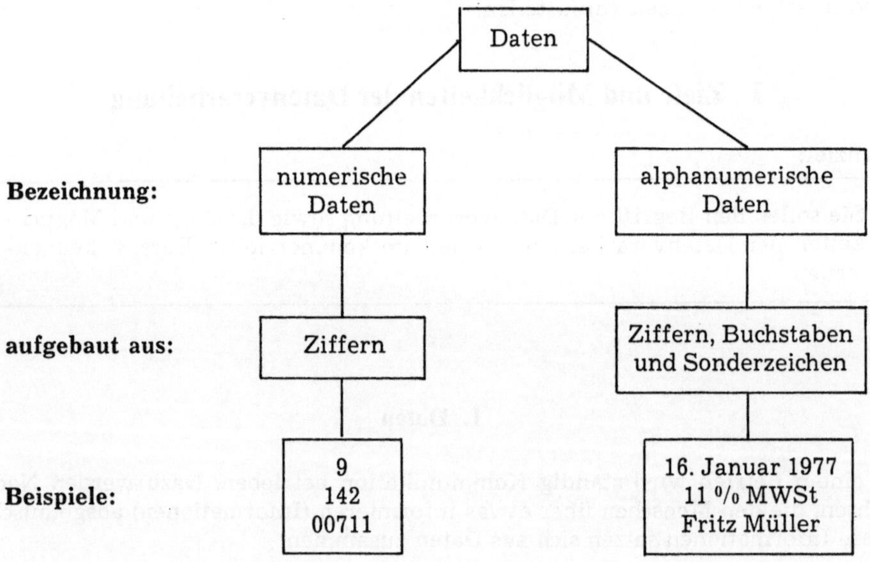

**— Gruppierung nach dem Verwendungszweck:**

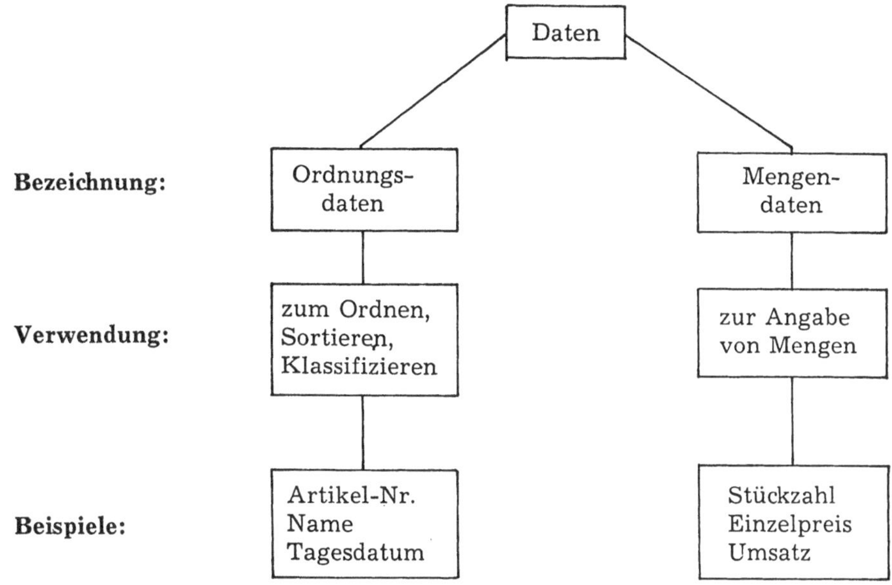


**— Gruppierung nach der Beständigkeit:**

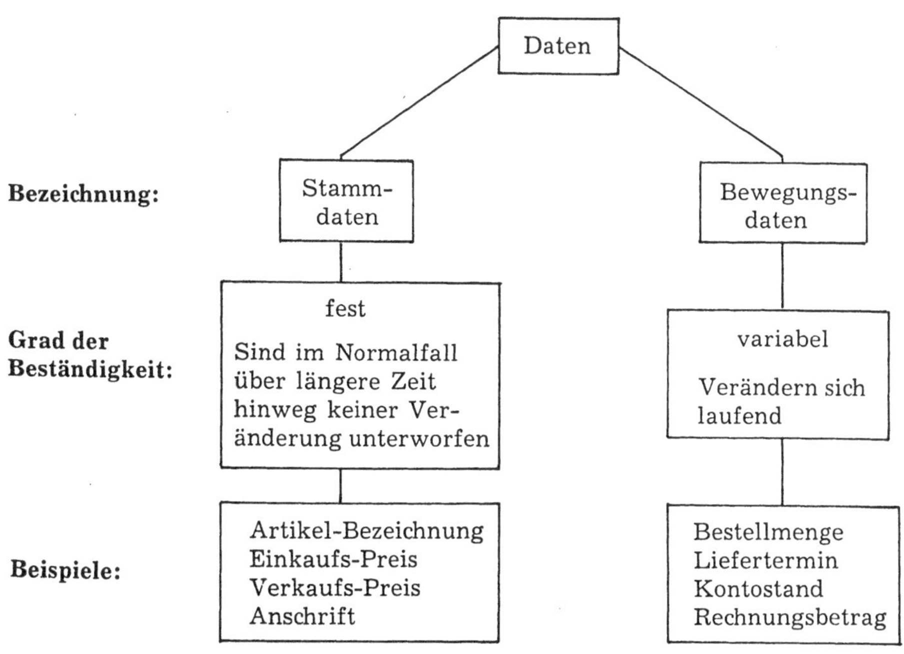

Die bisherige Behandlung des Datenbegriffs und die Gruppierung ist universell und unabhängig davon, ob eine sogenannte Datenverarbeitungsanlage (Kapitel A I 2) verwendet wird oder ob die Daten rein manuell bearbeitet werden. Unter dem Aspekt der Verwendung einer Datenverarbeitungsanlage kommt als **weitere Gruppierungsmöglichkeit** hinzu:

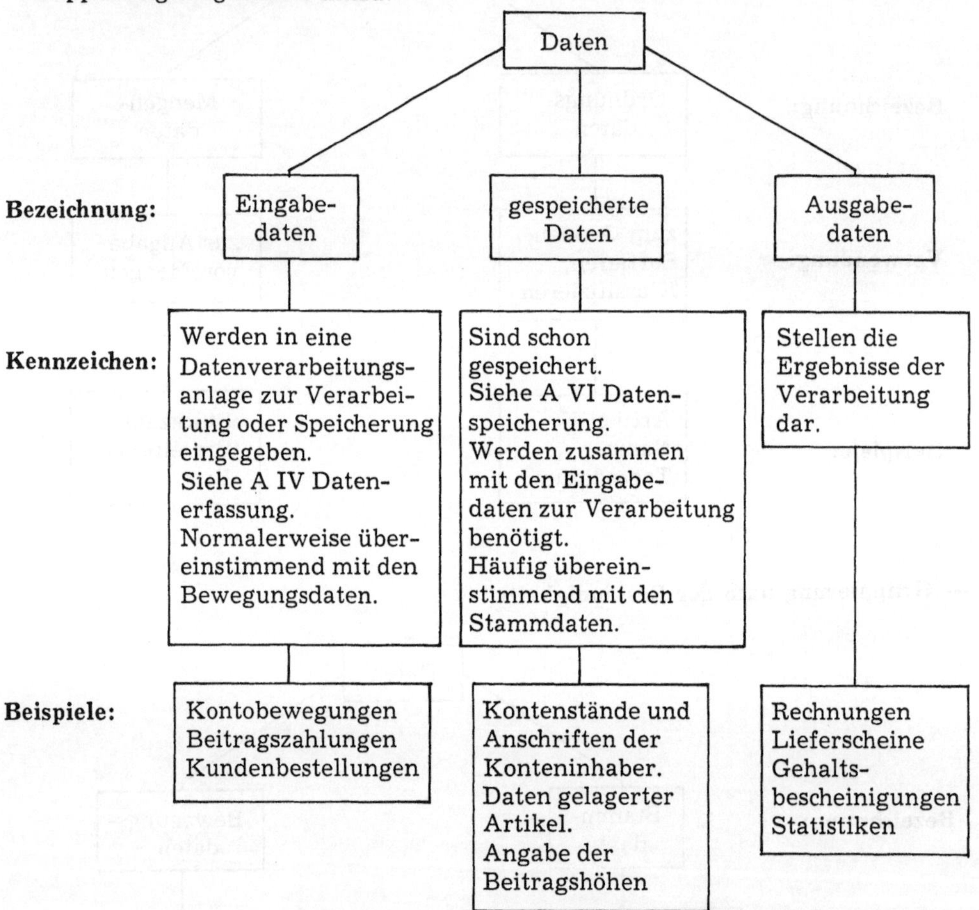


Im Zusammenhang mit einer Datenverarbeitungsanlage lassen sich außerdem noch **Steuerdaten** angeben. Dies sind Daten, aus denen die Computer-Programme (Punkt II) aufgebaut sind, die somit in ihrer Gesamtheit den Ablauf und die Arbeitsschritte der Datenverarbeitungsanlage steuern.

## 2. Verarbeitung von Daten

*Spricht man von D a t e n v e r a r b e i t u n g (abgekürzt: DV), so wird darunter heutzutage die Verarbeitung von Daten auf einer D a t e n v e r arbeitungsanlage (abgekürzt: DVA) verstanden.*

Doch sollte man sich darüber im klaren sein, daß der Mensch schon immer Daten verarbeitet hat und daß Datenverarbeitung nicht unbedingt an den Einsatz technischer Hilfsmittel gebunden ist. Die E n t w i c k l u n g  der Datenverarbeitung läßt sich schematisch wie folgt darstellen:

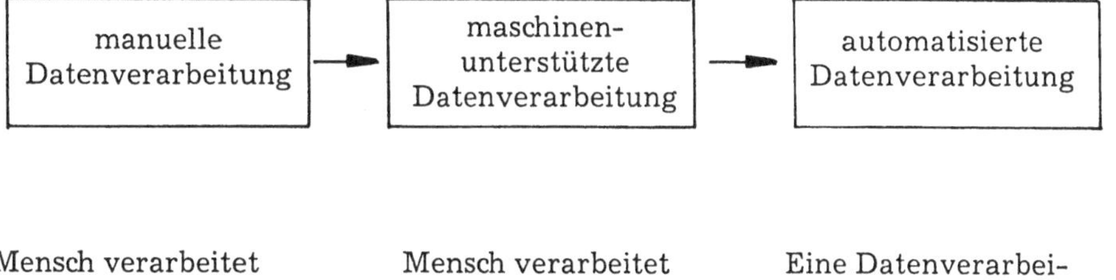



| | | |
|---|---|---|
| Mensch verarbeitet Daten nur mit „Papier und Bleistift". | Mensch verarbeitet Daten mit Hilfsmitteln (Schreibmaschine, Buchungsmaschine, Rechenmaschine). | Eine Datenverarbeitungsanlage übernimmt selbständig die Verarbeitung auf Grund entsprechender Arbeitsanweisungen. |

Ein gängiger, moderner Begriff ist die **Elektronische Datenverarbeitung** (abgekürzt: **EDV**); eine konstruktionsbezogene Bezeichnung, die den Einsatz elektronischer Geräte zur Verarbeitung von Daten betont. Nicht so gängig, jedoch noch moderner und dem heutigen Entwicklungsstand der Datenverarbeitung besser entsprechend ist die funktionsbezogene Bezeichnung der **Automatisierten Datenverarbeitung** (abgekürzt: **ADV**). Unabhängig von der technischen Realisierung wird hier in den Vordergrund gerückt, was den Anwender in erster Linie interessiert, nämlich

*die auf Grund einer Arbeitsvorschrift automatische Verarbeitung von einmal in die DVA eingegebenen Daten ohne weiteren menschlichen Eingriff.*

Die Begriffe EDV und ADV hängen zusammen, denn ohne moderne elektronische Bauteile und Baugruppen wäre ADV nicht denkbar.

*Eine EDV-Anlage ermöglicht ADV.*

In der Praxis werden die zwischen den einzelnen Begriffen durchaus vorhandenen Unterschiede nicht beachtet und es gilt der Sprachgebrauch:
DV ≙ EDV ≙ ADV
EDV-Anlage ≙ DVA ≙ Computer ≙ Rechner

Unabhängig davon, mit was die Verarbeitung nun vorgenommen wird, bedeutet Verarbeitung von Daten:

*die Aufbereitung und Auswertung von Daten mit dem Ziel der Herausarbeitung des für den Anwendungsbereich Wesentlichen.*

Diese etwas abstrakte Beschreibung bedeutet für die Praxis letztlich:

$$DV = \left.\begin{array}{l}\text{mit Daten rechnen}\\ \text{Daten speichern}\\ \text{Daten vergleichen}\end{array}\right\} = \text{Daten umsetzen}$$

**Beispiele:**

> Mathematische Berechnungen durchführen,
> Umsatzzahlen ermitteln und speichern,
> Artikelnummern sortieren,
> Bestellungen und Auslieferungen vergleichen.

Besonders zu beachten ist, daß eine DVA nicht nur rechnet — wenn man auch „Rechner" sagt und vom „Rechenzentrum" spricht —, also nicht nur eine komfortable Rechenmaschine darstellt, sondern noch weitere Verarbeitungsmöglichkeiten besitzt.

Als Automat vereinigt der Computer drei Verarbeitungsmöglichkeiten in sich:
— Rechnen,
— Speichern,
— logische Entscheidungen treffen.

Das Treffen logischer Entscheidungen hat nichts mit einer logischen Denkfähigkeit zu tun. Ein Computer kann nicht denken. Er kann allerdings gewisse folgerichtige und damit logische Entscheidungen nach Durchführung von Vergleichen treffen.

## 3. Einsatzmöglichkeiten der Datenverarbeitung

Die Datenverarbeitung kann überall dort eingesetzt werden, wo Daten nach der Maßgabe eindeutiger und fest vorgegebener Arbeitsanweisungen in dem unter 2. angegebenen Sinne zu verarbeiten sind. Tatsächlich wird die Datenverarbeitung heutzutage universell in allen Bereichen des beruflichen, sozialen und politischen Lebens eingesetzt. Dabei wird eine Unterscheidung in drei **Haupteinsatzgebiete** vorgenommen:

**Haupteinsatzgebiet:**

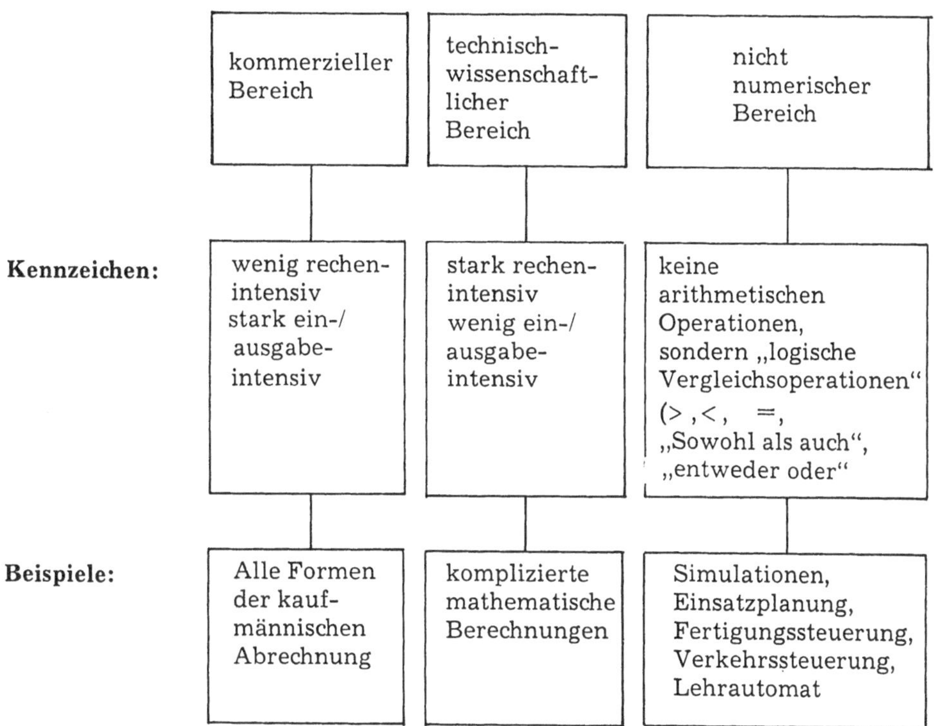


Mit „ein-/ausgabeintensiv" bzw. „rechenintensiv" werden die Anforderungen angesprochen, die an die DVA bezüglich der Datenein- und -ausgabe bzw. bezüglich der Verarbeitungsmöglichkeiten gestellt werden. Im Vergleich zum technisch-wissenschaftlichen Bereich existieren im kommerziellen Bereich normalerweise wesentlich mehr Eingabe- und Ausgabedaten. Umgekehrt werden im technisch-wissenschaftlichen Bereich mit den — relativ gesehen — wenigen Daten wesentlich kompliziertere Berechnungen angestellt als dies im kommerziellen Bereich normalerweise der Fall ist.

Die Grenzen zwischen den Haupteinsatzgebieten haben sich im Zuge des zunehmenden Einsatzes der Datenverarbeitung verwischt. Gerade die sogenannte „kommerzielle Datenverarbeitung" kommt nicht mehr ohne mathematische Berechnungen (z. B. bei Optimierungsproblemen) und auch nicht mehr ohne das mit „nicht numerisch" bezeichnete Gebiet (z. B. bei der Fertigungssteuerung) aus. Es läßt sich hier letztlich feststellen, daß sich die praktizierte kommerzielle Datenverarbeitung über alle drei Haupteinsatzgebiete hinweg erstreckt.

## 4. Ziele des Einsatzes der Datenverarbeitung im kommerziellen Bereich

Die G r ü n d e  f ü r  d e n  E i n s a t z  einer DVA in einem Betrieb können mannigfaltiger Art sein, lassen sich aber alle letztlich auf zwei Erfordernisse zurückführen:

— Innerhalb der immer umfangreicher werdenden verwalterischen Tätigkeiten sollen anfallende Routinearbeiten nach Möglichkeit von Automaten übernommen werden.

— Die Notwendigkeit der Anpassung an die sich schnell wandelnden Verbraucherwünsche einerseits und an die Gegebenheiten des nationalen und internationalen Marktes andererseits bedingen immer schnellere und möglichst lückenlose Informationen.

Als  Z i e l v o r s t e l l u n g e n  des ADV-Einsatzes im kommerziellen Bereich lassen sich daraus ableiten:

— Beitrag zur Rationalisierung in Form von Automatisierung der in großen Mengen anfallenden Routinearbeiten.

— Befriedigung des immer größer werdenden Informationsbedürfnisses.

Damit zusammen hängt natürlich der Wunsch nach Personaleinsparung und fehlerfreier Bearbeitung von Massendaten; damit zusammen hängt aber z. B. auch der Wunsch, eine größere Transparenz in betriebliche Vorgänge zu bringen, also Prozesse innerhalb eines Betriebes besser erfassen, durchleuchten, auswerten und auch eventuell vorhersagen zu können. Darunter fällt weiterhin der Drang nach möglichst optimalen Unternehmensentscheidungen mit Hilfe z. B. der komplexen quantitativen Methoden des Operations Research. Auch die z. B. für das Marketing im Sinne marktorientierten Verhaltens notwendigen Kenntnisse über den Markt erfordern das Sammeln und Verarbeiten umfangreicher Daten so, daß schnell das Informationsbedürfnis über Markt, Konkurrenz, Kunden und Umsatz befriedigt werden kann.

Noch beliebig viele Beispiele der individuellen Zielformulierung des ADV-Einsatzes wären denkbar. Jedem Einsatz der Datenverarbeitung im kommerziellen Bereich liegt jedoch ein  g e n e r e l l e s  Z i e l  zugrunde: ·

*Erhöhung der Wirtschaftlichkeit und der Rentabilität des Unternehmens.*

In der modernen EDV gibt es praktisch keine Probleme mehr, die nicht von einem Computer gelöst werden könnten. Die Problematik liegt in der Wirtschaftlichkeit. Computer-Einsatz ist nicht automatisch gleichbedeutend mit wirtschaftlich sinnvollem Einsatz. Erst wenn gründliche Überlegungen und Untersuchungen, die sowohl ADV-Kenntnisse als ADV-Erfahrungen voraussetzen, zu der Erkenntnis führen, daß eine Lösung mit Hilfe der EDV wirtschaftlich sinnvoll erscheint und damit der Computer-Einsatz zu einer Erhöhung der Wirtschaftlichkeit und Rentabilität insgesamt beiträgt, ist dieser Einsatz gerechtfertigt.

## 5. Aufgaben und Anwendungsbereiche der Datenverarbeitung im kommerziellen Bereich

Aus Punkt 2 dieses Abschnitts I geht hervor, daß der Computer neben dem Rechnen auch die Verarbeitungsmöglichkeiten des Speicherns und Vergleichens besitzt. Daraus ergeben sich zwei grundsätzliche **Aufgabenbereiche,** wobei die Funktion des Speicherns von beiden in Anspruch genommen wird:

Rechnung

Zuordnung

Kundennummern

2 — „Rechner" — 6 / 8 / 0,5

4711 / 4712 ... 4730 — „Zuordner" — Anzahl Bestellungen eines oder mehrerer Kunden / Auftragswert im 1. Quartal / Liste aller Kunden mit nicht ausgeglichenem Konto

numerische Berechnungen jeglicher Art

nach Maßgabe eindeutiger Kriterien werden z. B. alle Kunden (gekennzeichnet durch Datum „Kundennummer") mit nicht ausgeglichenem Konto (gekennzeichnet durch Datum „Kontostand") einer Liste zugeordnet

Ein Computer kann gleichermaßen mit beiden Aufgabenbereichen betraut werden, da im kommerziellen Bereich immer beide benötigt werden und meistens sogar innerhalb eines Aufgabenkomplexes kombiniert vorkommen.

Wie unter Punkt 3 dieses Abschnitts I erwähnt wurde, beschränkt sich der Einsatz der kommerziellen Datenverarbeitung keineswegs auf Probleme der kaufmännischen Abrechnung. Nach wie vor stellt das Rechnungswesen den wichtigsten **Anwendungsbereich** dar. Doch wurde in den letzten Jahren durch Ausweitung der ADV-Anwendungen auf Bereiche wie z. B. Personalplanung, Investitionsrechnung, Fertigungsplanung, Fertigungssteuerung, Erzeugnisgestaltung und Marketing ein höherer Integrationsgrad der Datenverarbeitung mit der gleichzeitigen Absicht höherer Wirtschaftlichkeit angestrebt.

Es würde hier zu weit führen, alle bisher praktizierten und in Zukunft möglichen Datenverarbeitungs-Anwendungen im kommerziellen Bereich einzeln darzu-

legen und zu werten. Nach Dworatschek (Dworatschek, Grundlagen der Datenverarbeitung) sind **im Produktionsbereich** folgende Bereiche automatisierfähig
und somit als Anwendungsbereiche der ADV anzusehen:

a) Personalwesen  
b) Unternehmensrechnung  
  — Rechnungswesen  
  — Unternehmensplanung  
c) Vertrieb  
d) Erzeugnisgestaltung  
e) Produktion  
f) Logistik

**Im Dienstleistungsbereich** stellen sich viele Anwendungen in ähnlicher Form wie
im Produktionsbereich, so z. B. Personal-, Lagerungs- oder Buchhaltungs-
probleme. Darüber hinaus gibt es in Handels-, Bank-, Versicherungs-, Verkehrs-
und Beratungsbetrieben sehr viele spezifische Computer-Anwendungen.

Für den Bereich des E i n z e l h a n d e l s seien hier die an einen Computer
gekoppelten sogenannten Kassenterminals als Beispiel genannt. Neben der Tatsache, daß dabei über eine Warennummer der Preis vom Computer abgerufen
wird und eine aufwendige manuelle Stückauszeichnung entfallen kann, sind als
einige weitere Vorteile zu nennen: Umsatzerfassung kassenweise, artikelweise
oder warengruppenorientiert; tägliche Kassenabrechnung; niedrige Lagerhaltung; permanente Inventur; Überblick über zeitliche Auslastung jeder Kasse;
geringere Kassenzahl als bei konventionellen Kassensystemen.

Als Anwendung im G r o ß h a n d e l soll hier die Möglichkeit des über einen
Computer voll automatisierten Hochregallagers genannt werden, bei dem sich
die Transportmittel (Paletten o. ä.) bedienungslos und vom Computer ziel-
gesteuert in den einzelnen Förderabschnitten des Lagers bewegen. Angestrebt
wird damit die Optimierung der innerbetrieblichen Warenverteilung.

Die Liste der ADV-Anwendungen, die hier nicht vollständig, sondern nur an
Hand weniger Beispiele angesprochen werden konnte, wird sich weiter aus-
weiten, weil neben der rein technischen Einsatzmöglichkeit auch immer mehr
ein wirtschaftlicher Einsatz realisiert werden kann.

Neben dem kommerziellen Bereich seien als einige weitere Anwendungsbereiche,
in denen die ADV immer mehr an Raum gewinnt, die Ö f f e n t l i c h e  V e r -
w a l t u n g, die M e d i z i n, die H o c h s c h u l e und die S c h u l e genannt.

**Fragen:**

1. Wodurch unterscheiden sich Stammdaten von Bewegungsdaten?

2. Was bedeutet ADV und was versteht man darunter?

3. Was tun Datenverarbeitungsanlagen?

4. Was ist das Kennzeichen der typisch kommerziellen Datenverarbeitung
im Vergleich zur technisch-wissenschaftlichen Datenverarbeitung?

5. Welches generelle Ziel liegt jedem Einsatz der Datenverarbeitung im kommerziellen Bereich zugrunde?

6. Welche Aufgabenbereiche werden in der kommerziellen Datenverarbeitung grundsätzlich unterschieden?

# II. Automatisierte Datenverarbeitung

**Lernziel:**

Sie sollen das „Instrument ADV" in seiner grundsätzlichen Funktionsweise und seiner Zusammensetzung kennenlernen.

## 1. Grundprinzip der Datenverarbeitung

*Unter dem Grundprinzip der Datenverarbeitung versteht man das „EVA-Prinzip".*

Dieses Grundprinzip ist für jede Art von Automatisierter Datenverarbeitung gültig und sagt aus:

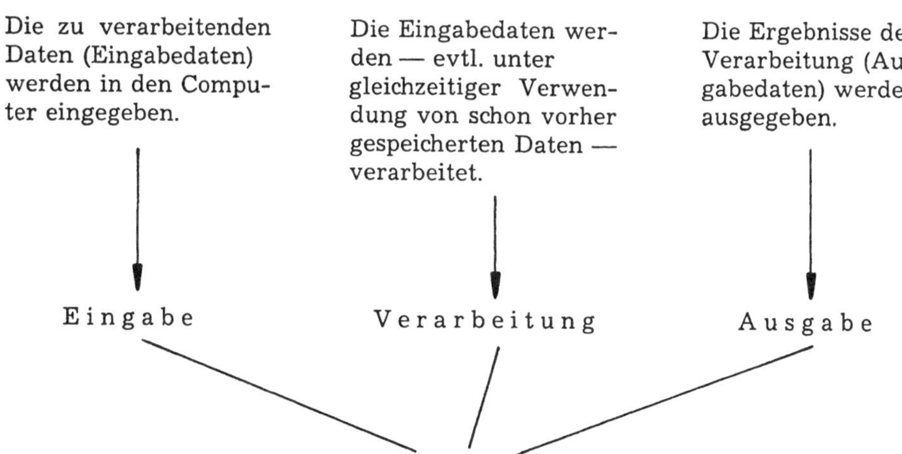


Es wird dadurch auch die zeitliche Reihenfolge der Schritte

    E = Eingabe
    V = Verarbeitung
    A = Ausgabe

gekennzeichnet. Die Ausführung aller drei Schritte erfolgt nach Maßgabe des P r o g r a m m e s.

## 2. Komponenten der Datenverarbeitung

ADV erfordert einen gewissen technischen Aufwand. Die Gesamtheit der technischen Einrichtungen zur automatisierten Verarbeitung von Daten bezeichnet man als **Hardware**. Die Hardware teilt sich auf in die Z e n t r a l e i n h e i t , wo die eigentliche Verarbeitung der Daten erfolgt und die P e r i p h e r i e , die alle weiteren Geräteeinheiten z. B. zur Daten-Ein- und -Ausgabe, zur Datenübertragung und zur zusätzlichen Datenspeicherung umfaßt. Hardware stellt also die **materielle Ware** dar.

Um dem DV-Anwender die Nutzung dieser Hardware zu ermöglichen, sind Arbeitsvorschriften — Programme — zur Steuerung derselben notwendig. Die Gesamtheit aller zur Nutzung einer DVA vorhandenen Programme bezeichnet man als **Software**. Software stellt die **immaterielle Ware** dar. Sie teilt sich auf in die A n w e n d u n g s - S o f t w a r e und die S y s t e m - S o f t w a r e . System-Software oder Betriebssystem (siehe auch B II, Betriebssysteme) bezeichnet die Summe aller Systemprogramme, mit Hilfe derer zum einen der Computer seine Gerätekomponenten selbst kontrolliert und koordiniert (Steuerprogramme) und mit Hilfe derer zum anderen sich viele Aufgaben mit stark reduziertem Eigen-Programmieraufwand lösen lassen und eine Unterstützung des Arbeitens mit den verschiedenen Geräten erfolgt (Arbeitsprogramme). Die System-Software ist für den Betrieb einer Datenverarbeitungsanlage unerläßlich, geht aber nicht auf Problemlösungen des Anwenders ein. Dies ist dagegen bei der Anwendungs-Software der Fall, die alle die Programme umfaßt, welche dem Anwender Problemlösungen bringen (sogenannte produktive Programme; z. B. Lohnabrechnung, Materialdisposition). Sie umfaßt die Standardprogramme — vom Computer-Hersteller oder einer Software-Firma —, die so gestaltet sind, daß ein größerer Kreis von Benutzern sie für seine allgemeinen Probleme verwenden kann und die anwenderspezifischen Programme — von einer Software-Firma oder eigenerstellt —, welche die Lösung ganz spezieller für den jeweiligen Anwender spezifischer Probleme bringen.

Um die Leistungen einer DVA optimal nutzen zu können, müssen personelle und organisatorische Zwischenstellen die Verbindung zwischen Anwender und Computer herstellen. Man benötigt zum einen personelles Potential in Form von eigenen oder fremden DV-Spezialisten, mit M a n w a r e bezeichnet, und zum anderen gewisse Methoden der EDV-Organisation (z. B. zur Systemanalyse, Dokumentation und Programmierunterstützung) — von Dworatschek (Dworatscheck, Grundlagen der Datenverarbeitung) mit Gesamtheit DV-bezogenen Organisationswissens umschrieben —, mit O r g w a r e bezeichnet. Für Manware und Orgware zusammen hat sich der Begriff **Brainware** gebildet, der damit letztlich die Notwendigkeit geistigen Potentials umschreibt.

Neben Hard-, Soft- und Brainware wird als weitere Komponente zuweilen die **Firmware** genannt. Sie wird vom Hersteller geliefert und nimmt insofern eine Zwischenstufe zwischen Hard- und Software ein, als man darunter Steuerprogramme in Hardware-Form versteht. Die Bestandteile der Firmware besitzen also die Funktion von Steuerprogrammen, werden aber hardwaremäßig realisiert. Die Bedeutung der Firmware für den Anwender liegt darin, daß der Computer zusätzliche Fähigkeiten erhält — auf die einzugehen hier zu weit führen würde —, die sich durch ein äußerst günstiges Preis-Leistungsverhältnis auszeichnen, die also auf andere Art und Weise nicht so preiswert zu verwirklichen wären.

In Anlehnung an die Aufteilung von Dworatschek (Dworatschek, Grundlagen der Datenverarbeitung) zeigt Abb. 1 eine Übersicht über die Komponenten der Automatisierten Datenverarbeitung.

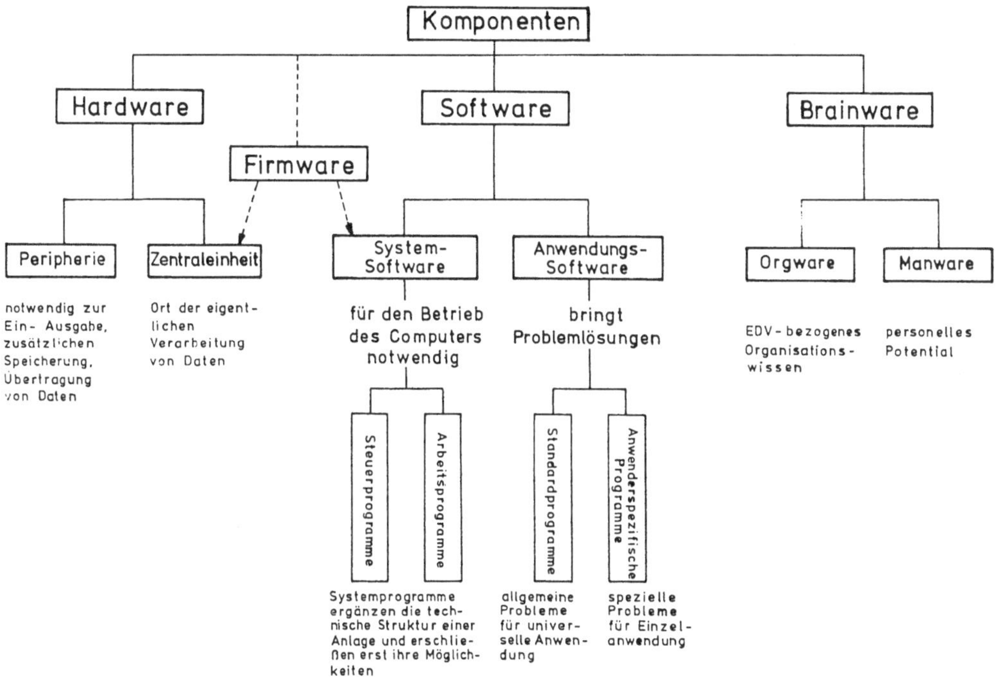


*Abb. 1: Komponenten der ADV*

## 3. Grundaufbau einer Datenverarbeitungsanlage

Der Grundaufbau einer Datenverarbeitungsanlage läßt sich anschaulich an der Analogie zu einem „menschlichen Rechner" darstellen, also z. B. der Analogie zu einem Sachbearbeiter, der unter Verwendung gewisser Hilfsmittel nach Maßgabe einer Arbeitsanweisung seine Arbeit ausführt.

In einer 1. Stufe werden Arbeitsanweisung und zu verarbeitende Daten (Eingabedaten) dem Menschen mitgeteilt.

In einer 2. Stufe führt der Mensch dann auf Grund der Arbeitsanweisung die eigentliche Verarbeitung der Daten mit Hilfe z. B. einer Rechenmaschine und eines Notizblockes (zum Aufnotieren der Zwischenergebnisse) durch. Dabei greift er u. U. auf weitere Daten zu (gespeicherte Daten), die in Karteien o. ä. abgelegt sind. Bei Unklarheiten hält er Rücksprache mit z. B. Kollegen. Ist er für die Verarbeitung nicht kompetent oder ist er zeitlich dazu nicht in der Lage, so wird eine andere Stelle mit der Verarbeitung beauftragt.

In einer 3. und letzten Stufe schreibt der Mensch die Ergebnisse der Verarbeitung (Ausgabedaten) auf ein Ergebnisformular (z. B. Rechnungsformular, Gehaltszettel), um sie an die interessierenden Stellen weiterleiten zu können.

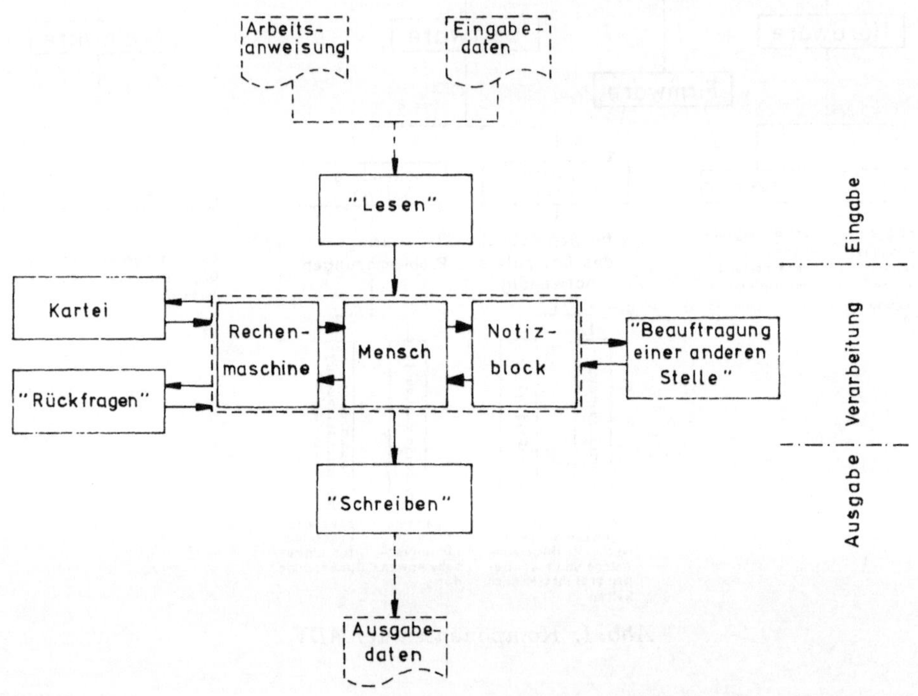


*Abb. 2: Der „menschliche Rechner"*

Schematisch ergibt sich damit der in Abb. 2 dargelegte Funktionszusammenhang. Mit dem Menschen im Mittelpunkt wird durch die Pfeile, die den Fluß der Daten angeben, die Arbeit mit den verschiedenen Hilfsmitteln — wobei auch die durch Anführungszeichen gekennzeichneten Fähigkeiten als Hilfsmittel angesehen werden — dargestellt. Der Mensch ist hierbei ein reiner Befehlsempfänger und hat lediglich dafür zu sorgen, daß die Vorschriften der Arbeitsanweisung korrekt ausgeführt werden. Er steuert nur den Einsatz der verschiedenen Hilfsmittel. Er muß lesen und schreiben können, doch muß eine eigene Denk- und Rechenfähigkeit nicht von ihm verlangt werden.

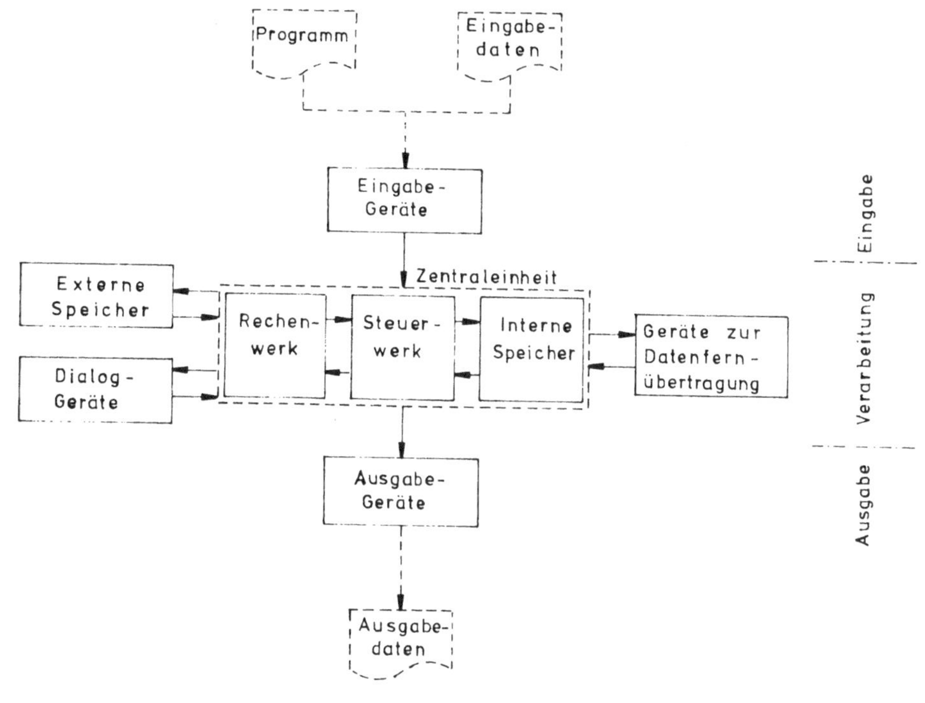


*Abb. 3: Grundaufbau einer DVA*

Wird hier nun die steuernde Eigenschaft des Menschen durch eine Maschine ersetzt — wobei dann auch die Lese-, Schreib- und Kommunikationsfähigkeit des Menschen technisch realisiert werden muß —, erhält man den Grundaufbau einer Datenverarbeitungsanlage nach Abb. 3. Auch hier zeigt sich das Grundprinzip der Eingabe — Verarbeitung — Ausgabe.

Die Bausteine S t e u e r w e r k , R e c h e n w e r k und I n t e r n e  S p e i c h e r werden zu dem Begriff der **Zentraleinheit** zusammengefaßt. Hier findet die eigentliche Verarbeitung der Daten statt, also die Durchführung von arithmetischen und logischen Operationen sowie die kurzfristige Speicherung von Programmen und Daten. Außerdem wird von der Zentraleinheit die schrittweise Verarbeitung der Daten und deren Fluß zu und von den Peripherie-Geräten gesteuert.

Die Bezeichnung **Peripherie** kennzeichnet den Sammelbegriff für alle die Geräte außerhalb der Zentraleinheit, die an die Zentraleinheit angeschlossen und somit an der automatisierten Verarbeitung der Daten beteiligt sind. Alle in Abb. 3 neben der Zentraleinheit angegebenen Bausteine gehören dazu. Die Pfeile kennzeichnen die jeweilige Richtung des Datenflusses.

Über die E i n g a b e - G e r ä t e werden Programme und Eingabe-Daten an die Zentraleinheit weitergegeben. Ein typischer Vertreter hierbei ist der Lochkarten-

Leser. Bei den A u s g a b e - G e r ä t e n ist dies der Drucker. Er wird häufig als Schnelldrucker bezeichnet, weil das Sichtbarmachen der Verarbeitungsergebnisse in gedruckter Form durch Druckgeschwindigkeiten bis 2000 Zeilen/min. bei mechanischen Druckern und bis 8500 Seiten/Std. bei physikalisch-chemischen Druckern möglich ist. Zwischen „Nur-Eingabe-Geräten" bzw. „Nur-Ausgabe-Geräten" und der Zentraleinheit funktioniert der Datenfluß immer nur in einer Richtung.

Bei den externen Speichern, den Dialog-Geräten und den Geräten zur Datenfernübertragung dagegen wickelt sich der Datenfluß in beiden Richtungen ab. E x t e r n e   S p e i c h e r haben ein Vielfaches der Speicherkapazität der Zentraleinheit. Sie dienen u. a. zur Aufnahme von Dateien, wobei man in einer gewissen Analogie zur herkömmlichen „Kartei" unter D a t e i für eine bestimmte Aufgabe oder unter einem bestimmten Gesichtspunkt zusammengestellte und zusammengehörige Daten versteht (Artikeldatei, Personaldatei usw.). Ein typischer Vertreter der externen Speicher ist der Magnetplatten-Speicher. Näheres über die Datenspeicherung unter A VI. D i a l o g - G e r ä t e sind kombinierte Ein-/Ausgabe-Geräte und ermöglichen einen Dialog zwischen Computer und Benutzer. Sie werden verwendet bei z. B. Platzbuchungssystemen oder allgemein sogenannten Informationssystemen. Der typische Vertreter dabei ist das Bildschirm- oder Datensicht-Gerät. G e r ä t e   z u r   D a t e n f e r n - ü b e r t r a g u n g gestatten es, Daten und Programme zur Ver- bzw. Bearbeitung an beliebig weit entfernte andere Rechenzentren zu übertragen bzw. von den anderen Rechenzentren entgegenzunehmen. Häufig erfolgt die Übertragung auf Fernsprechleitungen, wobei dann ein Modem (Abkürzung für Modulator — Demodulator) zur elektrischen Anpassung der Datenstruktur an die Struktur der Leitung sowohl beim Sender wie auch beim Empfänger notwendig ist.

*Da ein Computer ohne Eingabe-Geräte, Zentraleinheit und Ausgabe-Geräte nicht funktionsfähig ist, bezeichnet man diese Bausteine auch als Grundbausteine einer Datenverarbeitungsanlage.*

Externe Speicher, Dialog-Geräte sind wohl in den meisten und Geräte zur Datenfernübertragung in sehr vielen Rechenzentren vorhanden, doch sind sie im Gegensatz zu den Grundbausteinen für das prinzipielle Funktionieren eines Computers nicht unbedingt erforderlich.

Zentraleinheit und Peripherie machen die Hardware eines Computers aus. Wie aus Abb. 3 zu ersehen ist, läuft jeder Datenverkehr über die Zentraleinheit. Eine direkte Verbindung zwischen zwei Peripherie-Geräten ist nicht möglich.

Zur Erklärung des Grundaufbaus einer DVA wurde eine gewisse Gleichartigkeit mit einem „menschlichen Rechner" angenommen. Es darf dadurch aber keineswegs der Eindruck entstehen, daß der Mensch nun generell durch den Computer zu ersetzen wäre. Denkbar ist dies nur im Falle eines reinen Befehlsempfängers, der Routinearbeit stur nach Anweisung abwickelt ohne eigene Denkkapazität zu investieren und ohne aus Eigeninitiative auch nur irgend etwas zu tun. Der Mensch kann durch den Computer von Routine-Arbeit entlastet werden. Denkarbeit wird ihm vom Computer nicht abgenommen. Die muß vom Menschen immer selbst erbracht werden, nicht zuletzt bei der Erstellung der Computer-Progamme. Durch die Entlastung von Routine-Arbeit kann aber der Mensch effektiver auf qualifizierte geistige Tätigkeiten angesetzt werden.

Zusammenfassend einige generelle Tatsachen über die Arbeit mit dem Computer:
— Eine DVA ist ein Arbeitsgerät, dessen Tätigkeit vom Programm bestimmt ist; sie ist so leistungsfähig wie ihre Programme und damit wie ihre Programmierer.
— Eine DVA tut nichts aus Eigeninitiative; sie kann nicht „denken". Eine DVA kann sich wohl Daten „merken" in Form von speichern, was vergleichbar ist mit dem „Auswendiglernen" beim Menschen. Erfahrungen nutzen, logische Schlüsse ziehen, Zusammenhänge erkennen und damit letztlich lernen in Form einer schöpferischen Denktätigkeit kann eine DVA jedoch nicht.
— Eine DVA kann allenfalls das machen, was der Mensch — nach getaner Denkarbeit (Programm oder Arbeitsvorschrift) — auch kann. Dies erledigt die DVA aber wesentlich schneller als der Mensch und sie unterliegt dabei keinen Einflüssen wie Müdigkeit, Launen, Sorgen oder Unterbewußtsein.
— Fehlerhafte Eingabedaten führen unabhängig von der Qualität der Programme und von der Leistungsfähigkeit der DVA zwangsläufig zu nicht ordnungsgemäßen Ergebnissen.

In dem Zusammenhang seien noch einige im Umlauf befindliche Schlagworte genannt, die einer Mystifizierung des Computers entgegenwirken sollen und letztlich die Arbeit mit dem Computer sehr treffend charakterisieren:
— Computer helfen dem Menschen sich zu helfen.
— Der Mensch denkt, der Computer arbeitet.
— Der Mensch weiß, was er tut. Der Computer tut, was er weiß.
— Nicht wir leben in einer Computer-Welt, der Computer lebt in unserer.

**Fragen:**

7. Was versteht man unter dem sogenannten „EVA-Prinzip"?

8. Welche Aufgaben erfüllt die Peripherie?

9. Was versteht man unter dem Begriff „Software"?

10. Wozu sind Systemprogramme notwendig?

11. In welche Hauptkomponenten wird die ADV aufgeteilt?

12. Welches sind die sogenannten Grundbausteine einer Datenverarbeitungsanlage?

13. Was geschieht in der Zentraleinheit?

14. Was bedeutet der Begriff „Datei"?

15. Kann ein Computer denken?

# III. Computerarten

**Lernziel:**

> Sie sollen die Begriffe, Abgrenzungen und vorwiegenden Einsatzgebiete
> der verschiedenen Computerarten kennenlernen.

## 1. Digital-Rechner, Analog-Rechner, Hybrid-Rechner

Wird vom Computer gesprochen, so meint man damit zunächst den sowohl
für kommerzielle wie auch für technische Zwecke universell einzusetzenden
**Digital-Rechner.**

*Die digitale Rechenanlage arbeitet mit einer digitalen Darstellung der Daten.*

*Unter der d i g i t a l e n Darstellung von Daten versteht man den Aufbau der
Daten aus einzelnen Zeichen.*

Für den kommerziellen Bereich erscheint dies trivial, da eine andere als aus
einzelnen Zeichen aufgebaute Darstellung von Größen nicht denkbar ist.

Im technischen Bereich sind jedoch auch **Analog-Rechner** denkbar.

*Analog-Rechner arbeiten mit einer analogen Darstellung der Daten.*

*Die a n a l o g e Darstellung von Daten ist eine Darstellungsweise, bei der
Werte oder Fakten durch eine dem darzustellenden Wert „analoge" physikalische Größe (Spannung, Strom, Winkeldrehung usw.) angegeben werden.*

Die eigentlich interessierenden Größen werden durch andere physikalische
Größen ersetzt und zwar durch solche, die sich kontinuierlich ändern können.
Bei der analogen Darstellung ist somit eine k o n t i n u i e r l i c h e Verände-
rung der Daten möglich.

**Beispiel:**

> Die Geschwindigkeitsanzeige durch den analog zur Geschwindigkeit seine
> Stellung verändernden Tachometerzeiger ist eine analoge Darstellung und
> es ist eine kontinuierliche Veränderung der Zeigerstellung möglich.

Bei der digitalen Darstellung dagegen werden ganze Einheiten der darzustellenden Größe verwendet. Die Daten können nur fest in bestimmten Schritten vorgegebene d i s k r e t e Z u s t ä n d e annehmen, nämlich die einzelnen Zeichen.
Diese Schritte können wohl beliebig klein gemacht werden, doch sind Zwischen-
werte nicht möglich.

**Beispiel:**

> Die Entfernungsanzeige beim Kilometerzähler ist eine digitale Darstellung.
> Egal, ob der Zähler nur Kilometerentfernungen oder auch 100-m-Ent-
> fernungen anzeigt, es können immer nur ganze Vielfache dieser Einheiten
> abgelesen werden. Zwischenwerte (also z. B. 500 m bei Angabe in km-
> Einheiten oder 50 m bei Angabe in 100-m-Einheiten) sind nicht möglich.

Analog-Rechner sind für Zwecke der kommerziellen Datenverarbeitung nicht
geeignet. Gründe dafür sind, daß im kommerziellen Bereich stets alphanumerische Daten verarbeitet werden, die sich nur digital darstellen lassen, daß
kommerzielle Probleme eine sequentielle Abarbeitung der Programme erfordern, was mit einem Analog-Rechner nicht möglich ist, daß weiterhin beim
Analog-Rechner die Rechengenauigkeit begrenzt, beim Digital-Rechner dagegen praktisch beliebig vergrößerbar ist und daß letztlich der Analog-Rechner
keine mit einem Digital-Rechner vergleichbaren Speicher besitzt. Der A n a -
l o g - R e c h n e r hat dann V o r z ü g e , wenn die zu verarbeitenden Daten
bereits in analoger Form anfallen und Ergebnisse in analoger Form benötigt
werden, wenn also z. B. Meßwerte verarbeitet werden müssen und die Ergebnisse z. B. in Form von elektrischen Spannungen zum Steuern physikalischer
Einrichtungen benötigt werden. Analog-Rechner werden deshalb bevorzugt in
Regelsystemen, zur Prozeßsteuerung und zur Simulation technischer Modelle
(z. B. Flugsimulatoren) eingesetzt. Als einfachste Form des Analog-Rechners
kann der allen bekannte Rechenschieber angesehen werden. Die heute weit
verbreiteten elektronischen Taschenrechner sind die einfachsten Vertreter der
Digital-Rechner.

Wie schon oben erwähnt, ist der Digital-Rechner die Art, die schlechthin mit
dem Begriff des Computers verbunden wird. Der Digital-Rechner ermöglicht
den universellen Einsatz im technisch-wissenschaftlichen und im kommerziell-
wirtschaftlichen Bereich. Über die Verwendung sogenannter Analog-Digital-
Umsetzer kann er auch für alle die Aufgaben eingesetzt werden, die vom Aufbau der Daten her zunächst für den Analog-Rechner bestimmt sind.

Da sowohl die analoge als auch die digitale Arbeitsweise Vorteile hat, findet
man beide im sogenannten **Hybrid-Rechner** vereinigt.

*Der Hybrid-Rechner stellt eine Verbindung von Digital- und Analog-Rechner*
*dar.*

Er verbindet damit die Vorteile des Analog-Rechners (einfache Darstellung
komplizierter mathematischer Zusammenhänge) mit denen des Digital-Rechners
(große Genauigkeit, digitale Ein- und Ausgabe). Hybrid-Rechner bieten größere
Arbeitsmöglichkeiten als reine Analog-Rechner und werden z. B. eingesetzt für
die sogenannte Echtzeitsimulierung, worunter man die zeitgleiche Nachahmung
eines Systems an Hand eines mathematischen Modells versteht, was z. B. bei
Bordnavigationsgeräten in Flugzeugen oder bei der Prozeßregelung in der
chemischen Industrie erforderlich ist.

Während die Entwicklung beim Analog-Rechner wohl weitgehend abgeschlossen sein dürfte, beim Digital-Rechner die Entwicklung in Richtung höherer Geschwindigkeiten und weiterer sowie einfacherer Einsatzmöglichkeiten weitergehen wird, hat gerade der Hybrid-Rechner noch sehr große Entwicklungsmöglichkeiten vor sich.

## 2. Prozeß-Rechner

Unabhängig von der Realisierung einer Digital-, Analog- oder Hybrid-Anlage spricht man vom **Prozeß-Rechner,** wenn bei Prozessen Steuerungs- und Regelungsaufgaben ganz oder teilweise von DVA übernommen werden.

*Ein Prozeß-Rechner wird zur Regelung und Steuerung von Prozessen eingesetzt und leistet einen Beitrag zur Automatisierung des Prozesses.*

Ein Prozeß im angeführten Sinne liegt dann vor, wenn Materie, Energie oder Information umgeformt oder transportiert wird. Solche Prozesse treten z. B. auf in Großanlagen (Kraftwerk, Wasserwerk, Walzwerk, Hüttenwerk), in Radaranlagen, bei der Verkehrssteuerung, bei der Flugsicherung, bei automatischen Briefverteilanlagen, in Kassenabrechnungssystemen, bei der Lagerhaltung, bei der Platzbuchung von z. B. Verkehrsmitteln oder Reisen, bei der Überwachung des Fernsprech- und Fernschreibnetzes. Dabei erfolgt keine Beschränkung auf technische Prozesse, sondern es sind genauso soziale, biologische, physikalische oder chemische Prozesse denkbar.

Das Prinzip der Prozeßregelung gliedert sich in die zwei Schritte 1. V e r f o l g u n g und 2. S t e u e r u n g. Bei der Verfolgung wird der Verlauf des Prozesses durch Meßwerterfassung verfolgt. Bei der Steuerung wird in Abhängigkeit von den Meßwerten über geeignete Einrichtungen — sogenannte Prozeßsteuerglieder oder Stellglieder — auf den Prozeß im Sinne vorgegebener Werte eingewirkt. Insofern werden bei Prozeß-Rechnern spezielle Eingabegeräte (z. B. Meßwertfühler, Verkehrszählgeräte) und spezielle Ausgabegeräte — die Stellglieder — verwendet. Der Prozeß-Rechner muß in der Lage sein, analoge Daten aufzunehmen und auszugeben. Manchmal verwendet man deswegen dazu einen Analog-Rechner, häufiger aber einen Hybrid-Rechner. Meistens kommt allerdings auch hier der Digital-Rechner mit entsprechenden Analog-Digital-Umsetzern zum Einsatz.

Der Prozeß-Rechner arbeitet im Realtime-(= Echtzeit)Verfahren, die Eingabedaten werden also sofort nach Erscheinen verarbeitet. Die Reaktion des Rechners muß sehr schnell erfolgen, wobei hier „schnell" je nach Anwendungsgebiet einer besonderen Präzisierung bedarf.

Ein sehr gravierender Unterschied des Prozeß-Rechners zum „normalen Rechner" — nennen wir ihn einfach „Rechenzentrums-Rechner" — ergibt sich aus der Arbeitsweise. Beim Rechenzentrums-Rechner gibt einzig und allein der Mensch Daten ein und nur er bestimmt, wann diese eingegeben werden und wann welches Programm zur Ausführung kommen soll. Beim Prozeß-Rechner ist es dagegen genauso wie z. B. bei der computerunterstützten Kassenabrechnung im Supermarkt: unvermittelt und vom Menschen nicht beeinflußbar werden von den verschiedensten Stellen irgendwelche Daten eingegeben, die dann sofort verarbeitet werden müssen. In der Prozeß-Datenverarbeitung ist der Prozeß der schrittgebende Teil. Der Computer hat dem Prozeß zu folgen. Von den verschiedensten Stellen des Prozesses werden Daten geliefert, über die verschiedenen Eingabegeräte dem Rechner zugeleitet und auf Grund einer unterschiedlichen Wichtigkeit der Dateneingänge nach einer Prioritätenliste vom jeweiligen, dem Eingang fest zugeordneten Programm abgearbeitet. Ein Programm wird also von einem Ereignis oder einem Zustand des Prozesses — vom Menschen nicht beeinflußbar — gestartet und unterbricht u. U. ein anderes Programm niederer Priorität für kurze Zeit. Im Gegensatz zum Rechenzentrums-Rechner besitzt somit ein Prozeß-Rechner mehrere sogenannte Interrupt-(= Unterbrechungs-)Eingänge; man spricht auch von der Interrupt-Fähigkeit oder Interrupt-Verarbeitung. Die Unterschiede in der Arbeitsweise zwischen dem Rechenzentrums-Rechner und dem Prozeß-Rechner sind in Abb. 4 skizziert.

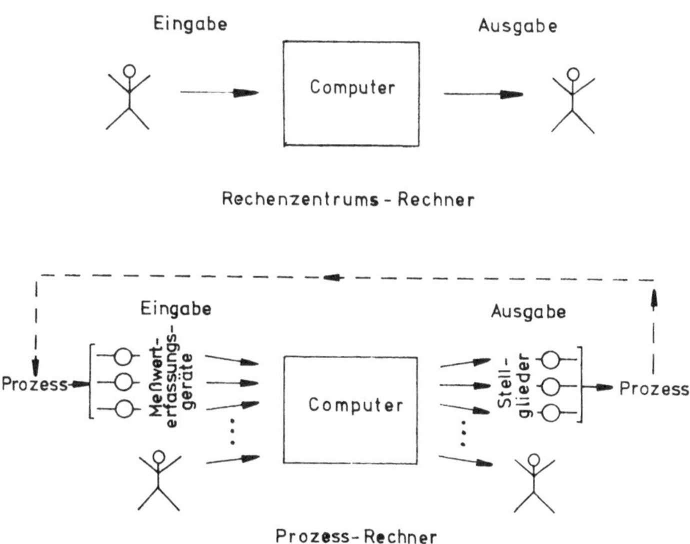


*Abb. 4: Prinzipielle Arbeitsweise beim Rechenzentrums- und beim Prozeß-Rechner*

Prozeß-Rechner benötigen keine so große Speicherkapazität wie Rechenzentrums-Rechner. Genauso ist die Ausstattung mit Druckaggregaten vergleichsweise klein. Der Prozeß-Rechner ist dagegen — wie vorne erwähnt — sehr stark mit speziellen Erfassungsgeräten und Stellgliedern bestückt. Betrachtet man den Prozeß-Rechner unter dem Aspekt der Programmierung, so zeichnet er sich hier durch einen ausgesprochen geringen Befehlsvorrat aus.

Anlagen, die die aus dem Prozeß stammenden Daten zu Verwaltungszwecken weiterverarbeiten, bezeichnet man zur weiteren Unterscheidung zum Prozeß-rechner auch als B e t r i e b s - oder D i s p o s i t i o n s - R e c h n e r. Meistens ist dann der Mensch in den Prozeß mit einbezogen und man spricht vom D i a - l o g - B e t r i e b (Platzbuchung, Lagerhaltung, Kontodisposition).

Prozeß-Rechner wurden bisher vorwiegend in der Energie- und Verfahrens-technik eingesetzt, greifen aber jetzt mehr und mehr auch auf die Fertigungs-technik über. Doch selbst in ganz anderen Gebieten wie des Unterrichts, der Medizin, der Flug- oder Verkehrsüberwachung usw. kommen zunehmend Pro-zeß-Rechner zum Einsatz.

## 3. MDT-Computer

Ein nicht unwichtiger Begriff im Zusammenhang mit der Datenverarbeitung ist der der **Mittleren Datentechnik (MDT).** Zwischen den Jahren 1965 und 1975 machte die MDT eine Entwicklung von der komfortablen Buchungsmaschine zum modernen Computer durch. Sowohl für Kleingewerbetreibende als auch für mittelständische Industrie- und Handelsbetriebe war die EDV zumindest so lange unwirtschaftlich, solange infolge des in den großen Unternehmen bestimmen-den Zentralitätsprinzips sich die EDV auf große Computeranlagen zum Zwecke der zentralen Informationsverarbeitung beschränkte. Deshalb begann Anfang bis Mitte der 60er Jahre parallel zur vorhandenen EDV die Entwicklung der MDT. Sie ging aus vom elektromechanischen Buchungsautomaten und setzte sich über den elektronischen Buchungsautomaten und das sogenannte Magnetkonto zur Datenspeicherung zum M a g n e t k o n t e n - C o m p u t e r oder Büro-Computer fort, der damit zunächst eine mittlere technologische Stellung zwischen den beiden Extremen „herkömmliche Abrechnungsmaschinen" einerseits und „Groß-EDV" andererseits einnahm. Ab 1970 erfolgte die Ausweitung auf Peri-pherie-Geräte (Magnetkonto, Magnetbandkassette, Diskette, Drucker) und damit die Loslösung vom Einzelgerät. Mit dieser Technik sowie mit der Entwicklung eigener Programmiersprachen und spezifischer Anwendungsstrukturen entstand damit auch hier ein EDV-System (siehe B).

In der Zwischenzeit sind MDT-Systeme als vollwertige Computer mit allen Attributen moderner Informationstechnologie anzusehen. Auch die MDT be-treibt mit Hilfe elektronischer Geräte automatisierte Datenverarbeitung, so daß von dort her eine Unterscheidung in EDV-Anlagen und Anlagen der MDT eigentlich nicht mehr gerechtfertigt ist. MDT-Computer verfügen heute im Prinzip über die gleichen technischen Möglichkeiten wie Großcomputer (Daten-fernverarbeitung, virtuelle Speichertechnik, Multiprogramming, Timesharing, hochentwickelte Datenbanken, komfortable Anwendungs-Software), wobei sie allerdings kompakter und kleiner sind, die Kapazitätsgrenzen früher erreicht werden und der Komfort von Bedienung und Betrieb noch nicht so ausgeweitet ist, aber sie sich dafür durch ein attraktives Preis-Leistungs-Verhältnis aus-zeichnen. Weiteres Kennzeichen der MDT ist das weitgehend eingehaltene Prin-zip der direkten Datenerfassung (siehe A IV) — wie es auch bei den ursprüng-lichen Buchungs- und Fakturiermaschinen üblich war — sowie das Magnetkonto als typischem Datenträger (siehe A V).

Anlagen der mittleren Datentechnik sind besonders geeignet für die direkte Datenerfassung sowie die Lösung kaufmännischer Probleme insbesondere des Rechnungswesens. Ohne MDT wären viele Klein- und Mittelbetriebe dem Wettbewerbsdruck, der sich aus der ausschließlichen Computernutzung durch Großbetriebe ergeben hätte, kaum ausreichend gewachsen gewesen. Gerade für mittlere und kleinere Betriebe lassen sich mit der MDT typische Aufgaben des Rechnungswesens rationeller und sicherer als bisher bewältigen, sowie Statistiken und andere Entscheidungshilfen für das Management automatisch erstellen. Das Umstellungsrisiko beim Übergang auf die MDT ist gering, da vorhandene Methoden und Arbeitsmittel meistens beibehalten werden können. Die Kosten für die MDT sind im Normalfall sehr günstig, da neben den attraktiven Preisen und dem relativ geringen Raumbedarf auch die Personalkosten sich auf Grund der gut ausgebauten und vielfältigen Standardprogramme in Grenzen halten.

Die Entwicklung der MDT geht heute in drei Richtungen:
— Entwicklung vollwertiger Computer mit allem Drum und Dran.
— Entwicklung kleinerer Systeme zur Übernahme vielfältiger Aufgaben in Fachabteilungen.
— Entwicklung von „Einzweck-Systemen", also von Systemen, die ausschließlich für einen spezifischen Einsatzzweck konzipiert sind, wie z. B. Kassenabrechnungssysteme im Groß- und Einzelhandel oder Computer für die Textverarbeitung.

Wenn auch Anlagen der MDT etwa in der Forschung, Entwicklung, Konstruktion und Arbeitsvorbereitung eingesetzt werden, so ist doch das **überwiegende Einsatzgebiet** der kommerzielle Bereich, wobei dort Industrie- und Handelsunternehmen, Geldinstitute, Versicherungen, Krankenhäuser und Kommunen gleichermaßen zu den Anwendern gehören. Durch die MDT wurde der Trend zur dezentralen Informationsverarbeitung verstärkt — wobei dieser Trend wohl auch etwas zur Entwicklung der MDT beigetragen hat — so daß heute in Großunternehmen vielfach Abteilungen mit Anlagen der MDT ausgerüstet sind und dort ihre jeweiligen Aufgaben dezentral lösen.

## 4. Mini-Computer

Ein Konkurrenzverhältnis zwischen MDT und „Groß-EDV" ist auf Grund der unterschiedlichen Größenordnung meistens nicht gegeben und tritt allenfalls dort in Erscheinung, wo es um die Frage der zentralen oder dezentralen Informationsverarbeitung geht. Auf die gleiche Zielgruppe wie die MDT ausgerichtet und deshalb in einem direkten Konkurrenzverhältnis zu ihr stehend ist dagegen die Gruppe der **Mini-Computer.** Sie haben ebenso ein attraktives Preis-Leistungs-Verhältnis und lassen sich in der gleichen Weise ausbauen. Die Technik von Mini-Computern einerseits und MDT-Computern andererseits war ursprünglich sehr unterschiedlich, ist aber heute annähernd gleich. Die Mini-Computer haben sich aus dem Prozeß-Rechner-Bereich heraus entwickelt, sind von dort her für Prozeßsteuerungsprobleme geeignet, werden aber in der Zwischenzeit auch im kommerziellen Bereich genutzt. Im Gegensatz dazu kommen — wie vorne erwähnt — Anlagen der MDT aus dem kommerziellen Bereich und sind praktisch nur für kommerzielle Aufgaben konzipiert.

Auf dem Mini-Computer-Markt wird üblicherweise nur die Hardware und System-Software — oft in Form von Firmware — angeboten. Probleme der Anwendungs-Software überläßt man dem Anwender. Anlagen der MDT werden dagegen meistens als schlüsselfertige Systeme angeboten, wozu neben der Hardware und der System-Software — auch hier oft in Form von Firmware — noch die Anwendungs-Software, Kundenschulung und Gerätewartung gehört.

Mini-Computer und MDT-Computer werden unter dem Begriff der **Klein-Computer** oder der Bezeichnung **Small-Business-Systems** zusammengefaßt, womit die für die Praxis entscheidende Anwendungsorientierung betont wird.

In Anlehnung an Lönnecker (Handbuch der modernen Datenverarbeitung, Januar 1978, 9/1/28 Lönnecker, Mittlere Datentechnik) zeigt Abb. 5 die Einordnung und den Zusammenhang von Prozeß-Rechner, Mini-Computer, MDT-Computer und kommerziellem Groß-Computer.

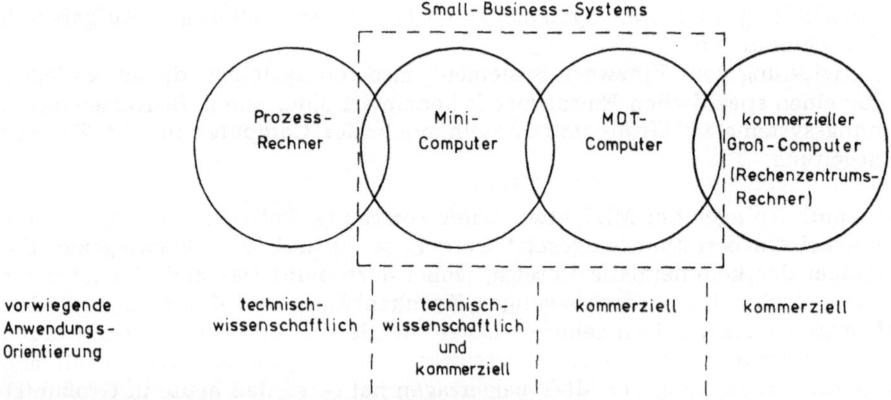


*Abb. 5: Einordnung und Zusammenhang der Computerarten*

**Fragen:**

16. Welcher Computertyp wird für die kommerzielle Datenverarbeitung eingesetzt?

17. Was ist ein Hybrid-Rechner?

18. Welches ist die kennzeichnende Eigenschaft des Prozeßrechners im Gegensatz zum sogenannten Rechenzentrumsrechner?

19. Was bedeutet MDT, und wo liegt der vorwiegende Einsatzbereich und der Vorteil der MDT-Computer?

20. Welche Computerarten fallen unter den Begriff des Small-Business-Systems und wodurch unterscheiden sich diese?

# IV. Datenerfassung

**Lernziel:**

> Sie sollen die Bedeutung der Datenerfassung für die Datenverarbeitung sowie die verschiedenen Möglichkeiten der Datenerfassung kennenlernen.

## 1. Begriff der Datenerfassung

Bevor Daten zur Verarbeitung in den Computer eingegeben werden können, müssen sie in einer für die Eingabe geeigneten Form erfaßt werden.

*Datenerfassung (DE) ist die Bereitstellung von Daten in maschinell verarbeitbarer Form; sie ist Voraussetzung für jegliche Art der Datenverarbeitung.*

Da oft die Daten zunächst auf irgendwelchen herkömmlichen Belegen (Bestellformular, Stundenzettel, statistischer Erhebungsbogen usw.) — den sogenannten Urbelegen — stehen, ist die Datenerfassung häufig gleichzusetzen mit der Umwandlung von Urbelegen in eine maschinell verarbeitbare Form.

Als erläuterndes **Beispiel** soll dazu der Ablauf der konventionellen Datenerfassung mit Hilfe der Lochkarte dienen (Abb. 6).

*Abb. 6: Konventionelle Datenerfassung auf Lochkarten*

Vom Urbeleg werden auf den Ablochbeleg die für die Verarbeitung wichtigen Daten in der Reihenfolge übertragen, in der sie anschließend auf die Lochkarten gebracht werden sollen. Der Ablochbeleg dient als Vorlage beim Lochen der **Karten.** Dort werden die bislang nur visuell lesbaren Daten in eine maschinell lesbare Form überführt. Da dies durch manuelle Tastenbedienung im sogenannten Locher geschieht, muß mit Ablochfehlern gerechnet werden. Deswegen werden die gelochten Karten auf richtigen Inhalt überprüft und gegebenenfalls ausgetauscht. Nach erfolgter Überprüfung aller Lochkarten ist diese Art von Datenerfassung beendet; die Eingabe kann erfolgen.

## 2. Problematik der Datenerfassung

Ein gesamter Datenverarbeitungsprozeß stellt sich als eine Kette dar bestehend aus den Gliedern:
— Entstehung
— Erfassung (inkl. Transport zum Computer)
— Verarbeitung (Eingabe — Verarbeitung — Ausgabe)        der Daten
— Auswertung

Innerhalb dieser Kette bildet bei der kommerziellen Datenverarbeitung die Datenerfassung den störenden Engpaß. Der Grund dafür liegt vor allem darin, daß die Datenerfassung ein arbeitsintensiver und weitgehend manueller Arbeitsgang ist und wohl auch immer bleiben wird, weil gerade im kommerziellen Bereich die Ursprungsdaten letztlich immer beim Menschen (beim Kunden, beim Vertreter, beim Sachbearbeiter usw.) entstehen und deswegen nie — wie es z. B. bei der Prozeßdatenverarbeitung der Fall ist — voll automatisch erfaßt und an die DVA weitergegeben werden können. Die Problematik ist also geprägt durch den Umstand, daß zwischen den vorliegenden Daten und den verarbeitenden Maschinen der Mensch eingeschaltet werden muß. Aus dem vorhandenen hohen Leistungsunterschied zwischen Mensch und Maschine — der Mensch kann über eine Tastatur ca. 200 Zeichen pro Minute eingeben und ein Computer kann über einen Lochkartenleser ohne weiteres 80 000 Zeichen pro Minute aufnehmen, so daß hier ein Leistungsverhältnis von 1 : 400 besteht — resultiert ein z e i t - l i c h e s und daraus abgeleitet wiederum ein f i n a n z i e l l e s P r o b l e m der Datenerfassung.

Das zeitliche Problem ist dadurch gekennzeichnet, daß ca. 90 % des gesamten für die Datenverarbeitung notwendigen Zeitaufwandes für die Datenerfassung (inkl. Transport) anzusetzen sind und die eigentliche Verarbeitung im Computer nur 10 % beansprucht (siehe Abb. 7).

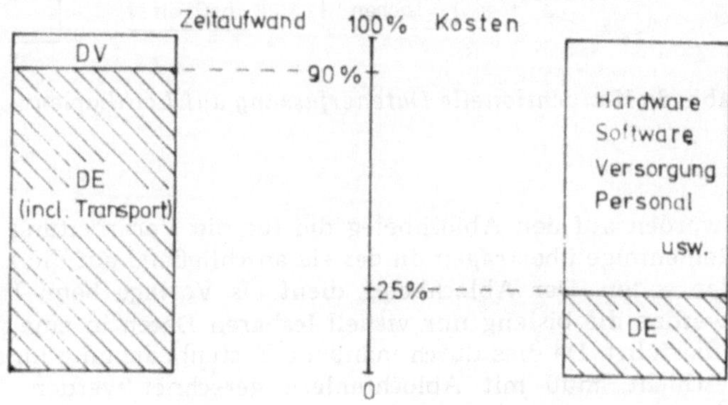


*Abb. 7: Datenerfassung als Zeitfaktor*    *Abb. 8: Datenerfassung als Kostenfaktor*

Das finanzielle Problem sieht so aus, daß die Datenerfassung einen ganz erheblichen Anteil der Kosten, die insgesamt für die Datenverarbeitung entstehen, für sich in Anspruch nimmt. Es existieren keine konkreten Zahlenwerte über diesen Kostenfaktor, weil er von Fall zu Fall je nach Anwendungsgebiet, Organisationsform und Geräteausstattung erheblich schwankt, doch ist es sicher richtig, wenn man davon ausgeht, daß mindestens 25 % der insgesamt anfallenden Kosten auf die Datenerfassung entfallen (siehe Abb. 8). Ein immenser Anteil, wenn man bedenkt, daß an den 100 % weitere in ihrem Absolutbetrag nicht geringe Kostenfaktoren wie Hardware, Software, Versorgung (Raum, Energie, Material), Personal, Datenschutz und -sicherung usw. beteiligt sind.

Neben Zeit- und Kostenfaktor spielt die Datenerfassung aber auch als Fehlerquelle eine maßgebende Rolle. Es ist klar, daß der erfolgreiche Einsatz von Computern mit dem Umfang vorkommender Fehler steht und fällt. Und es ist eine Tatsache, daß Fehler praktisch nur bei der Datenerfassung auftreten. Das bedeutet, daß alle erfaßten Daten auf Richtigkeit geprüft werden sollten (siehe Einführungsbeispiel „Lochkarten prüfen"), wobei man hier zwischen p e r i - p h e r e n  P r ü f t e c h n i k e n  und  i n t e r n e n  P r ü f t e c h n i k e n  unterscheidet. Bei den peripheren Prüftechniken werden fehlerhafte Daten durch z. B. visuelle oder maschinelle Kontrolle vor der Weitergabe an die Datenverarbeitungsanlage kenntlich gemacht. Interne Prüftechniken (z. B. Prüfzifferverfahren, Plausibilitätsprüfung) ermöglichen durch in die Programme eingebaute Prüfschritte das Erkennen von fehlerhaften Daten im Computer.

Weiterhin erfordert das Auftreten von Fehlern praktisch nur bei der Datenerfassung gerade hier möglichst weitgehende  M a ß n a h m e n  z u r  F e h l e r - v e r r i n g e r u n g. Dazu gehört z. B.
— intensive und regelmäßige Schulung des Personals,
— ständige Kontrollen und Fehlerhinweise,
— Schaffung von Anreizen,
— Schaffung von optimalen Arbeitsbedingungen.

Dazu gehört aber auch, daß u. U. neue Formen der Arbeitsorganisation angestrebt werden müssen, um die bei der Datenerfassung üblicherweise vorhandene Monotonie und extreme Arbeitsteilung sowie den ständigen Leistungsdruck zu mindern.

Datenerfassung von der Stange, die alle hier aufgeführten Probleme auf einfache Weise löst, gibt es nicht. Wohl kann man versuchen, eine auf die jeweiligen Verhältnisse optimal angepaßte Zusammenstellung von Datenerfassungsgeräten zu treffen. Doch ist es mit diesem technischen Problem nicht getan. Wichtig ist vor allem, daß organisatorisch das Rechenzentrum und die Erfassungsstellen reibungslos in den gesamten Betriebsablauf eingegliedert werden, daß alle Maßnahmen zur Rationalisierung in allen mit der Datenerfassung zusammenhängenden Gebieten ergriffen werden und daß alle Möglichkeiten zur Fehlerverringerung bzw. -erkennung und -korrektur bei der Erfassung genutzt werden. Gerade auf dem Gebiet der Datenerfassung muß die weitere Entwicklung primär unter dem Aspekt menschlicher Arbeitsbedingungen vor sich gehen, weil nur daraus eine Entwicklung in Richtung wirtschaftlichen Nutzens resultiert.

Letztlich ist das Problem der Datenerfassung nur individuell zu lösen, da es von vielen Faktoren wie z. B. DVA, Datenerfassungsgeräte, Datenträger, Erfassungsmethode, Zeitdruck bis zum Vorliegen der Ergebnisse, Entfernung zwischen Entstehungs- und Verarbeitungsort, Kosten usw. abhängt.

Die Bedeutung der Datenerfassung ist im Laufe der Zeit größer geworden, da die zeitliche Entwicklung bei der Datenerfassung nicht in dem Maße und in der Richtung verlaufen ist wie dies bei der Verarbeitung — also dem Computer — der Fall war.

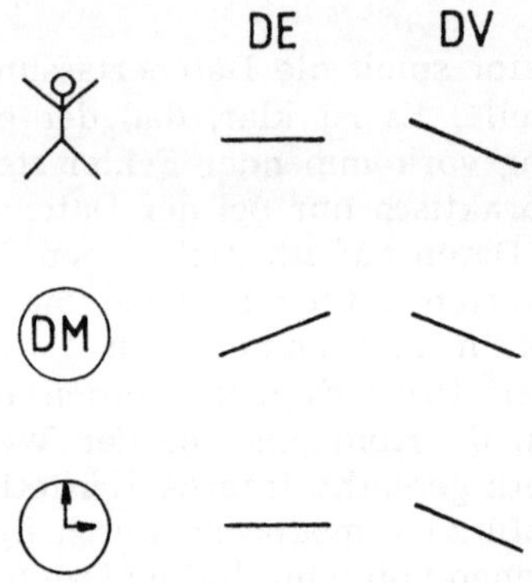


*Abb. 9: Gegenüberstellung der zeitlichen Entwicklung von Datenerfassung und Datenverarbeitung*

In Abb. 9 werden die zeitliche Entwicklung des personellen, finanziellen und zeitlichen Aufwandes bei der Datenerfassung und Datenverarbeitung einander gegenübergestellt. Die Darstellung gibt im Einzelfall den Sachverhalt vielleicht etwas übertrieben wieder, stellt aber in der Tendenz die Sachlage durchaus richtig dar, weil es hier nur auf die Relation zwischen Datenerfassung und Datenverarbeitung ankommt. Es zeigt sich, daß bei der Verarbeitung die zeitliche Entwicklung einen Rückgang jedes Aufwandes erbracht hat, bei der Datenerfassung dagegen der personelle und zeitliche Aufwand praktisch gleich geblieben und der finanzielle Aufwand sogar angestiegen ist. Das Mißverhältnis zwischen Datenerfassung und Datenverarbeitung ist durch die zeitliche Entwicklung also noch krasser geworden. Um so wichtiger ist es, gerade der Datenerfassung besondere Aufmerksamkeit zu schenken.

### 3. Phasen der Datenerfassung

Die Datenerfassung gliedert sich in v i e r  P h a s e n :
— Erkennen,
— Bilden,
— Fixieren,
— Umwandeln.

Selbstverständlich, aber deshalb trotzdem notwendig, ist die Tatsache, daß in einer ersten Phase das Vorhandensein von Daten, die auf dem Computer weiterzuverarbeiten sind, festgestellt werden muß: E r k e n n e n. Bei der Auftragsbearbeitung per EDV muß z. B. als erstes das Vorhandensein einer Bestellung — hier der Urbeleg — registriert werden.

In der zweiten Phase werden die insgesamt vorhandenen Angaben auf ein für die Verarbeitung notwendiges Mindestmaß von Daten reduziert: B i l d e n. Auf dem Bestellzettel sind z. B. Kundennummer und Kundenadresse sowie Artikelnummern und Artikelbezeichnungen der bestellten Waren angegeben, wobei der Computer davon nur Kundennummer und Artikelnummern braucht.

In der dritten Phase werden die nun gebildeten Daten festgehalten; sie werden üblicherweise auf einen Erfassungsbeleg (bei der Lochkarte: Ablochbeleg) geschrieben: F i x i e r e n. Bei der Auftragsbearbeitung werden von sämtlichen eingehenden Bestellungen jeweils z. B. Kundenummer, Artikelnummer und Menge des bestellten Artikels auf einen Ablochbeleg geschrieben. Bis hierher spielt sich alles am Ort der Entstehung der Daten, an der Datenquelle ab.

In der vierten und letzten Phase werden die auf dem Erfassungsbeleg fixierten Daten in eine maschinell verarbeitbare Form gebracht: U m w a n d e l n. Die auf dem Ablochbeleg stehenden und für die Bestellungen relevanten Daten werden z. B. auf Lochkarten gelocht. Möglichkeiten des Umwandelns gibt es sehr viele: Es kann maschinell (lochen auf Karte, „schreiben" auf Magnetband usw.) und manuell (Markierungsbeleg, Handschriftbeleg usw.) vor sich gehen oder es erfordert z. B. nur das Eintippen über eine Tastatur. Darauf wird im einzelnen unter IV 4 und V eingegangen.

Die vierte Phase muß nicht an der Datenquelle erfolgen; sie spielt sich sehr häufig in unmittelbarer Nähe des Rechenzentrums ab. Man sollte jedoch anstreben, sogenannte quellennahe Datenerfassung zu betreiben, also alles — und damit auch das Umwandeln — möglichst an der Datenquelle abzuwickeln, weil dort zum einen die Personen mit dem jeweiligen praktischen Geschehen vertraut sind und zum anderen immer der Urbeleg greifbar ist.

Bevor die Daten nach der Erfassung in den Computer eingegeben werden können, ist ein weiterer Schritt notwendig, der wohl nicht mehr direkt zur Erfassung gehört, aber immer in unmittelbarem Zusammenhang mit ihr steht: die D a t e n w e i t e r g a b e. Darunter versteht man die Überwindung der räumlichen Entfernung zwischen dem Ort der Umwandlung und dem Ort der Verarbeitung. Im Beispiel der Auftragsbearbeitung entspricht dies dem Transport der Lochkarten vom Kartenlocher zum Computer.

Die Aktivitäten vor Eingabe der Daten in den Computer stellen sich damit wie folgt dar:

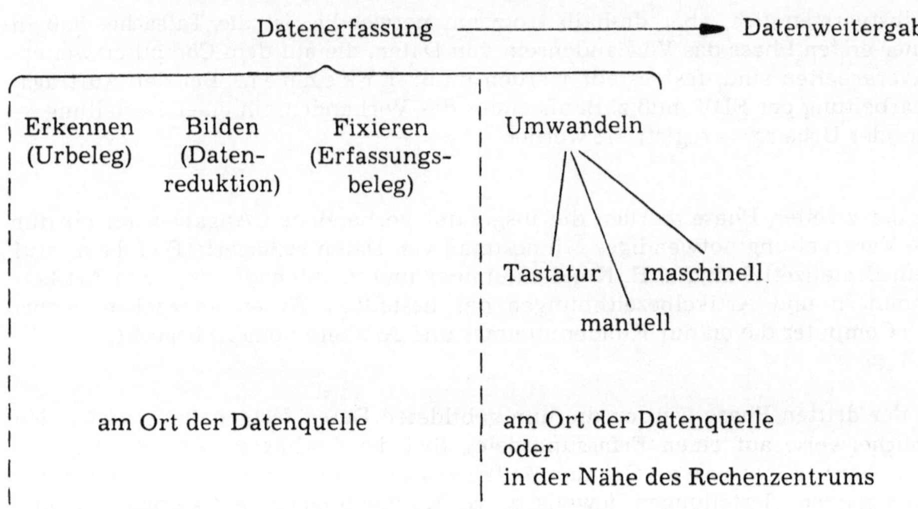


Natürlich ergeben sich je nach Organisationsform und -methode der Datenerfassung Modalitäten in den Phasen. Nicht immer wird es notwendig sein, alle Phasen zu durchlaufen. Im Sinne einer rationellen Datenerfassung ist man bestrebt, den Urbeleg so zu gestalten, daß er gleichzeitig als Erfassungsbeleg dienen kann. Moderne Formen der Datenerfassung gehen dahin, den Urbeleg direkt als Datenträger zur Eingabe in den Computer zu verwenden (siehe IV 4), was einer Reduzierung der Datenerfassung auf eine Phase — der Erstellung des Urbelegs — gleichkommt.

## 4. Methoden der Datenerfassung

Es gibt z w e i  g r u n d s ä t z l i c h e  M ö g l i c h k e i t e n der Datenerfassung:
— direkte Datenerfassung,
— indirekte Datenerfassung.

Diese zwei Methoden unterscheiden sich in der Phase des Umwandelns und in der Datenweitergabe. In den ersten drei Phasen der Datenerfassung stimmen sie überein.

*Unter der direkten Datenerfassung versteht man die unmittelbare Eingabe in ein an die Datenverarbeitungsanlage angeschlossenes Eingabegerät.*

Bei der **direkten Datenerfassung** entspricht die Phase der Umwandlung dem Eintasten der Daten in ein Eingabegerät (Schreibmaschine, Bildschirm). Die Daten liegen im Eingabegerät in einer maschinell verarbeitbaren Form vor, werden dort zwischengespeichert und durch Drücken einer speziellen Taste an den Computer zur Verarbeitung weitergegeben. Die Datenweitergabe beinhaltet hier also gleichzeitig die Eingabe. Das Eingabegerät muß mit der DVA elektrisch verbunden sein, es ist ein sogenanntes **on-line-Gerät**.

*Ein on-line-Gerät kann nur in Verbindung mit einem Computer betrieben werden.*

Aus diesem Grund bezeichnet man die direkte Datenerfassung auch als on-line-Datenerfassung.

Die direkte Datenerfassung hat den V o r t e i l , daß die Daten durch die unmittelbare Eingabe in den Computer ohne Umweg und damit sehr schnell zur Verarbeitung anstehen. Der Zeitraum zwischen erfolgter Umwandlung und der Möglichkeit der Verarbeitung ist sehr kurz.

Für die Zeit der Dateneingabe in die DVA ist der Computer oder zumindest der Benutzer, der die Dateneingabe vornimmt, für andere Arbeiten blockiert. Bei der direkten Datenerfassung ist die Zeit der Dateneingabe identisch mit der Zeit des Eintastens über eine Tastatur. Die Eingabegeschwindigkeit des Menschen über eine Tastatur ist aber im Vergleich zur Arbeitsgeschwindigkeit eines Computers äußerst langsam. Als N a c h t e i l der direkten Datenerfassung ist damit zu verzeichnen, daß die Arbeitsmöglichkeiten des Computers lange blockiert werden und er im Vergleich zu seinen Möglichkeiten unter Umständen nur wenig ausgenutzt werden kann.

Die direkte Datenerfassung ist nur dort gerechtfertigt, wo die Daten nach, Erscheinen unbedingt sofort verarbeitet werden müssen. Dies ist bei den meisten Aufgaben der kommerziellen Datenverarbeitung nicht der Fall (z. B. Auftragsabwicklung, Lohnabrechnung). Dort würde z. B. die Tatsache, daß nach jedem Eingang eines Lohnzettels dessen Daten sofort in den Computer eingetastet und dort sofort dieser Lohn berechnet und mit Lohnstreifen und Überweisungsbeleg ausgedruckt würde, zu einer äußerst unwirtschaftlichen Datenverarbeitung führen. Es gibt allerdings andere Bereiche, wie z. B. Platzbuchung oder Lagerhaltung, wo die direkte Datenerfassung gerechtfertigt und notwendig ist.

*Unter der direkten Datenerfassung versteht man die Erfassung auf einem maschinell lesbaren Datenträger.*

Bei der **indirekten Datenerfassung** wird in der Phase des Umwandelns ein Datenträger erstellt. Dies kann maschinell (Lochkarte, Magnetband, Magnetbandkassette, Magnetplatte, Diskette usw.) oder manuell (Markierungsbeleg, Handschriftbeleg usw.) geschehen. Zwischen der Datenfixierung und der Dateneingabe wird also ein Umweg über einen Datenträger gemacht. Man bezeichnet die indirekte Datenerfassung deswegen auch als **Umwegerfassung.** Die Datenweitergabe entspricht hier dem Transport der am Ort der Datenerfassung gesammelten Datenträger zum Eingabegerät. Dort wird der Inhalt der Datenträger in die DVA eingegeben. Geräte zur Erstellung von Datenträgern (z. B. Lochkartenlocher) sind mit der DVA nicht elektrisch verbunden; es sind sogenannte **off-line-Geräte.**

*Ein off-line-Gerät kann getrennt von einem Computer betrieben werden.*

Die indirekte Datenerfassung hat gegenüber der direkten Datenerfassung den
V o r t e i l , daß die DVA besser ausgenutzt ist, weil für die Zeit der Erfassung
der Computer überhaupt nicht beansprucht wird und die anschließende Eingabe
mit einer etwa vierhundertmal größeren Geschwindigkeit erfolgt. Die indirekte
Datenerfassung bietet außerdem die Möglichkeit der „EDV außer Haus". Ein
Anwender braucht dazu keine eigene DVA; er erstellt lediglich die Datenträger
und läßt diese an irgendeiner anderen beliebigen Stelle gegen Bezahlung verarbeiten.

N a c h t e i l i g bei der indirekten Datenerfassung sind die relativ langen
Abfertigungszeiten (Bestellungen, die z. B. morgens eingehen, werden bei der
Auftragsabwicklung per EDV evtl. erst abends in den Computer eingelesen),
die aber im Normalfall bei der kommerziellen Datenverarbeitung keine ent-
scheidende Rolle spielen, da sowieso erst eine bestimmte Datenmenge einen
Programmablauf sinnvoll macht. Außerdem besteht eine gewisse Gefahr des
Verlustes der Datenträger, die jedoch bei entsprechender Sorgfalt von sekun-
därer Natur ist.

Indirekte Erfassung ist die im kommerziellen Bereich übliche Methode. Sie wird
nach Art der Datenträger nochmals in zwei Varianten unterteilt:
— Erfassung auf nur maschinell lesbare Datenträger,
— Erfassung auf maschinell und visuell lesbare Datenträger.

Die konventionelle Art der Datenerfassung nach Abb. 6 fällt unter die erste
Variante. Sie ist nochmals in Abb. 10 dargelegt. Der Erfassungsbeleg ist nur
visuell, der Datenträger praktisch nur maschinell lesbar. Dieselben Daten treten
also in zwei verschiedenen Erscheinungsformen auf. Diese ursprünglich nur auf
die Lochkarte ausgerichtete Form hat sich heute ausgeweitet zu der Erfassung
auf Magnetband und Magnetband-Kassette als eine Variante des Magnetbandes
sowie auf Magnetplatte und Diskette als eine Variante der Magnetplatte. Die
Lochkarte wurde dadurch in ihrer Bedeutung zurückgedrängt.

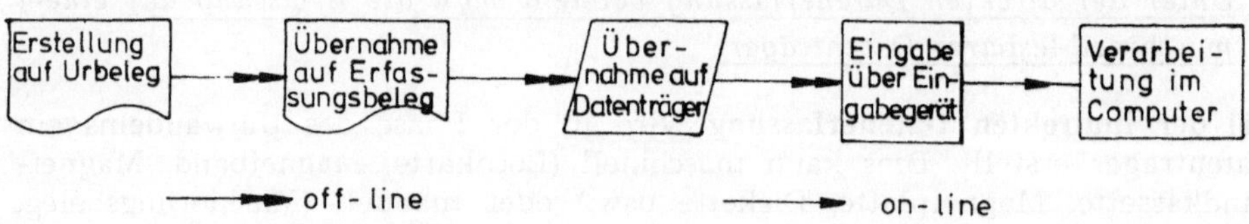


*Abb. 10: Erfassung auf nur maschinell lesbare Datenträger*

In allen Fällen der Erfassung auf nur maschinell lesbare Datenträger ist auch
die Erstellung der Datenträger nur maschinell möglich. Die dazu erforderlichen
modernen Geräte sind programmierbar und ermöglichen damit Entlastung von
immer wiederkehrenden gleichbleibenden Arbeiten sowie z. B. Eingabekontrol-
len, Datenprüfung und die Ausgabe von Bedienerhinweisen.

Bei der Erfassung auf maschinell und visuell lesbare Datenträger — sie ist
schematisch in Abb. 11 dargelegt — fallen Erfassungsbeleg und Datenträger

zusammen. Eine Station gegenüber der Erfassung nach Abb. 10 fällt weg. Vom Urbeleg aus wird sofort — maschinell oder manuell — der Datenträger erstellt, dessen Dateninhalt sowohl vom Menschen als auch vom Eingabegerät des Computers gelesen werden kann. Man spricht hier auch von der **m a s c h i -** **n e l l e n   D i r e k t l e s u n g** oder der **B e l e g v e r a r b e i t u n g**, weil als Datenträger hierbei in Frage kommen: Markierungsbeleg, Magnetschriftbeleg, Klarschriftbeleg, Handschriftbeleg (siehe V 2). Dabei sind Markierungsbeleg und Handschriftbeleg manuell erstellbar; für die Erstellung von Magnet- und Klarschriftbelegen braucht man spezielle Geräte.

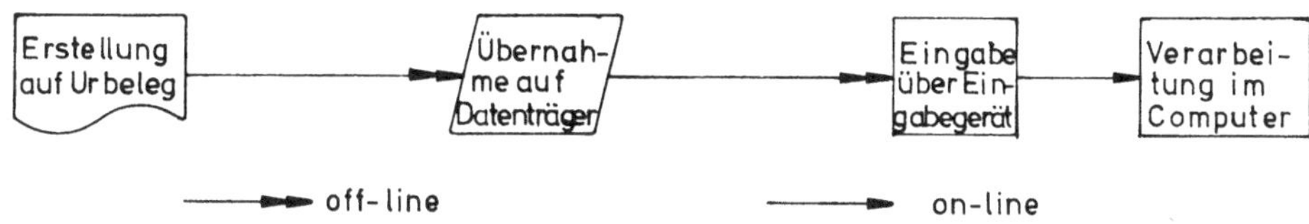



*Abb. 11: Erfassung auf maschinell und visuell lesbare Datenträger*

Die Belegverarbeitung zeichnet sich neben der Tatsache, daß ein Arbeitsgang bis zum Vorliegen des Datenträgers wegfällt, durch eine große Flexibilität aus. Die Formatgröße der Belege kann z. B. weithin frei gestaltet werden. Erklärende Hinweise oder fest vorgegebene Daten lassen sich auf den Belegen eindrucken. Große Vorteile bringt auch die Möglichkeit, diese Datenträger manuell zu bearbeiten (sortieren, überprüfen).

Mit der maschinellen Direktlesung hat die Datenerfassung einen großen Schritt nach vorne getan. Sie wird vielfach eingesetzt (statistische Erhebungen, automatische Briefsortieranlagen, Scheck- und Überweisungsdienst usw.) und es müssen ihr in Zukunft immer größere Chancen eingeräumt werden.

Bei beiden Varianten der indirekten Datenerfassung (Abb. 10 und 11) wird man nach Möglichkeit bestrebt sein, die Übertragung vom Urbeleg zum Erfassungsbeleg dadurch wegfallen zu lassen, daß die erstmalige Erfassung der Daten sofort auf dem Erfassungsbeleg (z. B. Verwendung entsprechender Bestellformulare) erfolgt.

Im Zusammenhang mit der indirekten Datenerfassung besteht auch die Möglichkeit, maschinell lesbare Datenträger als Nebenprodukt anderer Verarbeitungsverfahren zu gewinnen. So kann z. B. parallel zum Erstellen eines Originalbelegs auf einer Schreibmaschine durch einen damit elektrisch gekoppelten Lochstreifenstanzer ein Lochstreifen erstellt werden. Oder es können z. B. Daten, die durch eine EDV-Bearbeitung entstanden sind, vom Computer auf maschinell lesbarem Datenträger parallel zur Ausgabe auf Drucker zum Zwecke einer späteren Weiterverarbeitung ausgegeben werden. Die Möglichkeiten, Datenträger als Nebenprodukt zu gewinnen, sind gering. Sollte aber diese Organisationsmöglichkeit bestehen, löst sich das Problem der Datenerfassung von selbst.

Zum Schluß sollen hier noch zwei Systeme erwähnt werden, die bis jetzt noch selten sind, denen aber eine große Zukunft vorausgesagt wird: Das **Mikrofilmsystem** und das **Sprachabfragesystem.** In beiden Fällen ist die größere Verbreitung bislang nur auf der Seite der Datenausgabe. Doch sind Bestrebungen im Gange, bei der indirekten Datenerfassung den Mikrofilm als Datenträger (Vorteil: kann als Nebenprodukt entstehen und ermöglicht die Aufnahme großer Datenmengen auf kleinstem Raum) zu verwenden und bei der direkten Datenerfassung neben der Eingabe über eine Tastatur die direkte akustische Eingabe zu ermöglichen.

Einen Überblick über die Methoden der Datenerfassung zeigt Abb. 12.

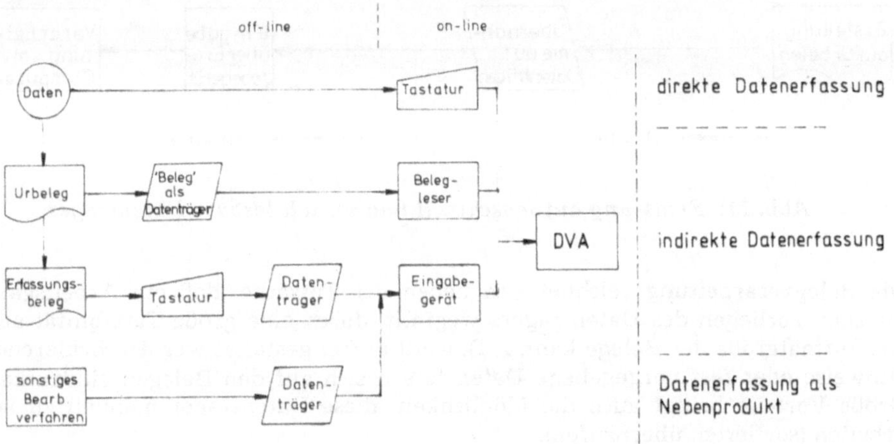


*Abb. 12: Übersicht über die Methoden der Datenerfassung*

**Fragen:**

21. Warum ist gerade die Datenerfassung der störende Engpaß innerhalb des gesamten Datenverarbeitungsprozesses?

22. Welche Prüftechniken werden bei der Prüfung erfaßter Daten auf Richtigkeit unterschieden und was versteht man jeweils darunter?

23. Welche Maßnahmen zur Fehlerverringerung bei der Datenerfassung lassen sich anführen?

24. Inwiefern hat die zeitliche Entwicklung das Mißverhältnis zwischen der Datenerfassung und der Datenverarbeitung noch verstärkt?

25. In welche Phasen gliedert sich die Datenerfassung?

26. Was bedeuten die Begriffe „On-line-Gerät" und „Off-line-Gerät"?

27. Was versteht man unter „indirekte Datenerfassung", und welche Vor- bzw. Nachteile sind damit verbunden?

28. Was bedeutet der Begriff „maschinelle Direktlesung"?

# V. Datenträger

**Lernziel:**

Sie sollen die wichtigsten Datenträger sowie deren Eigenschaften und grundsätzlichen Aufbau kennenlernen.

Datenträger werden bei der indirekten Datenerfassung verwendet. Datenträger entstehen aber auch als Ergebnis der Datenverarbeitung, wenn die Ergebnisdaten auf irgendeinem Medium festgehalten werden. Ein Datenträger ist gleichzeitig ein Speicher für Daten.

*Jedes Mittel, auf dem Daten aufgezeichnet werden können, ist ein Datenträger.*

In der Datenverarbeitung spielen nun besonders die maschinell lesbaren Datenträger eine Rolle. Bei diesen interessieren Fragen wie Kapazität, Geschwindigkeit, Platzbedarf, mehrmalige Verwendbarkeit usw. Eine Unterteilung der maschinell lesbaren Datenträger wird lt. vorigem Abschnitt in
— nur maschinell lesbare Datenträger und
— maschinell und visuell lesbare Datenträger
vorgenommen.

## 1. Nur maschinell lesbare Datenträger

Die nur maschinell lesbaren Datenträger werden differenziert nach Datenträger mit Lochschrift und Datenträger mit Magnetschrift. Zu den **Datenträgern mit Lochschrift** gehören die Lochkarte und der Lochstreifen. Die Kombination beider, die sogenannte Lochstreifenkarte, soll nur von ihrer Existenz her erwähnt werden, da sie lediglich für ganz spezielle Einsatzgebiete in Frage kommt. Bei der Lochschrift werden zur Darstellung von Zeichen Lochungen in einer dem jeweiligen Zeichen entsprechenden Kombination an bestimmte Lochstellen auf den Datenträger, der aus Spezialpapier oder Spezialkarton besteht, gestanzt.

Zu den **Datenträgern mit Magnetschrift** gehören das Magnetband sowie die Magnetbandkassette als spezielle Version des Bandes, die Magnetplatte sowie die Diskette als spezielle Version der Platte und das Magnetkonto. Die Magnettrommel sowie die Magnetkarte und der Magnetstreifen sind ebenfalls Datenträger mit Magnetschrift. Sie werden aber in dieser Abhandlung aus Gründen des geringen Einsatzes im kommerziellen Bereich, der allenfalls bei z. B. äußerst umfangreichen Kundendateien, Auskunftssystemen oder z. B. bei Datenbanken der öffentlichen Hand (Statistisches Bundesamt, Sozialversicherungsträger usw.) erfolgt, nicht weiter erläutert. Zur Darstellung von Zeichen bei der Magnetschrift — nicht zu verwechseln mit dem Magnetschriftbeleg (siehe V 2)! — dienen entsprechende und für jedes Zeichen charakteristische Magnetisierungszustände oder -wechsel auf der durch eine Magnetschicht magnetisierbaren Kunststoffoberfläche des Datenträgers.

### a) Lochkarte

Der älteste Datenträger ist die sogenannte 80spaltige Maschinenlochkarte, die immer dann gemeint wird, wenn man einfach von „der Lochkarte" spricht. Diese Lochkarte wird von allen DV-Firmen angewandt. Sie ist standardisiert und besteht aus einem dünnen rechteckigen Spezialkarton von den Maßen 18,7 × 8,3 cm, wobei die linke obere Ecke abgeschrägt ist, um seitenverkehrte Lochkarten erkennen zu können.

Die Fläche der Lochkarte ist in 12 Zeilen und 80 Spalten aufgeteilt (siehe Abb. 13). Pro Spalte wird ein Zeichen — Ziffer, Buchstabe oder Sonderzeichen — durch eine Lochung oder eine Lochkombination innerhalb der 12 Zeilen dargestellt. Die Lochkarte hat damit eine Kapazität von 80 Zeichen. Die obere Randzeile — die Schreibzeile — dient zum Aufdruck der gelochten Information in Klarschrift. Die Lochungen bzw. Lochkombinationen ergeben sich aus dem sogenannten L o c h k a r t e n - C o d e (siehe Abb. 13). Bei ihm gilt folgende G r u n d r e g e l :
— Ziffern werden durch eine Lochung im sogenannten Ziffernbereich dargestellt.
— Buchstaben werden durch zwei Lochungen (eine im Ziffern-, eine im sogenannten Zonenbereich) dargestellt.
— Sonderzeichen (Punkt, Komma, Prozent usw.) werden durch eine, zwei oder drei Lochungen dargestellt.

Auf einer Lochkarte wird jeweils eine sachliche und logische Einheit von Daten, die unter einem Ordnungsbegriff zusammengefaßt sind — ein sogenannter S a t z — abgespeichert. Eine solche Einheit sind z. B. die unter der Personalnummer zusammengefaßten Daten eines Mitarbeiters, wie Name, Adresse, Geburtstag, Gehaltsgruppe, Steuerklasse usw. Die Gesamtheit aller Sätze bildet eine D a t e i (z. B. eine Personaldatei). Sätze mit mehr als 80 Zeichen sind für die Lochkartenverarbeitung ungünstig, weil man pro Satz dann mehrere Lochkarten braucht. Da Sätze aber andererseits selten genau 80 Zeichen lang sind, wird die Kapazität einer Lochkarte meistens nicht ausgenutzt.

Innerhalb des auf einer Lochkarte stehenden Satzes besteht eine Aufteilung in mehrere D a t e n - oder L o c h f e l d e r . Diese ergibt sich aus der sachlichen und logischen Zusammensetzung eines Satzes aus mehreren sogenannten F e l -

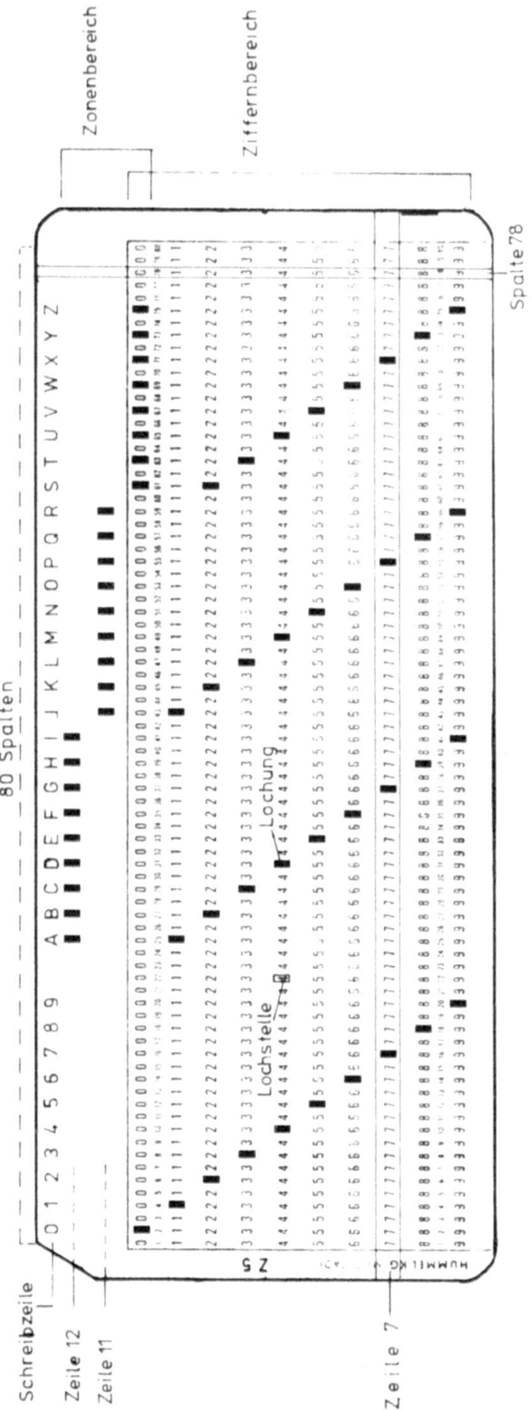



*Abb. 13: 80spaltige Maschinenlochkarte*

d e r n. Bei der „Personalkarte" z. B. bilden Personalnummer, Name, Adresse, Geburtstag usw. jeweils ein Feld. Die Aufteilung der Felder auf die 80 Spalten ist zunächst innerhalb der vorgegebenen Kapazität beliebig, muß aber nach einer einmal getroffenen Wahl für alle gleichartigen Sätze (also z. B. für alle „Personalkarten") und damit für alle Lochkarten der jeweiligen Datei gleich bleiben. Es ist z. B. denkbar, daß das Feld „Vorname" bei allen Lochkarten der Personalstammdatei von der Spalte 21 bis einschließlich 30 angeordnet ist, wobei der Inhalt dieses Feldes von Lochkarte zu Lochkarte variiert. Wenn der tatsächliche Inhalt eines Feldes von Satz zu Satz unterschiedliche Länge haben kann (z. B. bei Name oder Wohnort), richtet sich die Feldlänge nach der maximal sinnvollen Länge der jeweiligen Angabe.

Die festgelegte Aufteilung einer Lochkarte in Lochfelder bildet eine K a r t e n - a r t. Jede Kartenart ist üblicherweise durch eine zweistellige Zahl gekennzeichnet und wird bei allen zu der jeweiligen Datei gehörenden Lochkarten in den ersten oder letzten Spalten abgelocht, damit auch programmäßig die Zugehörigkeit einer Lochkarte zu einer Datei überprüft werden kann.

Die Lochkarte hat wegen der festen Spaltenzahl meist ungenutzte Kapazitäten. Sie hat eine geringe Zeichendichte und benötigt damit besonders im Vergleich zu den Datenträgern mit Magnetschrift relativ viel Platz. Die Arbeitsgeschwindigkeit mit Lochkarten über Lochkartengeräte — sie liegt etwa zwischen 200 und 2000 Zeichen pro Sekunde — ist vergleichsweise gering. Die Erstellung von Lochkarten erfordert einen großen Zeit- und Kostenaufwand. Einmal gelochte Karten können nicht mehr mit anderen Daten versehen werden. Alles dies hat zu einem Rückgang der Lochkartenverwendung geführt.

Trotzdem aber hat die Lochkarte auf Grund ihrer großen Flexibilität einen festen Platz in der EDV. Lochkarten können leicht selektiert — d. h. nach bestimmten Kriterien ausgewählt — und sortiert — d. h. in der Reihenfolge geändert — werden. Eine Lochkarte läßt sich leicht in einen vorhandenen Datenbestand eingliedern. Innerhalb eines Datenbestandes kann auf eine Lochkarte leicht — z. B. zum Austauschen — zugegriffen werden. Eine Lochkarte ist wegen der Schreibzeile beschränkt visuell lesbar und in gewissem Maße der manuellen Verarbeitung zugänglich, kann damit auch als Beleg verwendet werden und besitzt nicht die Anonymität eines ausschließlich vom Computer zu verarbeitenden Mediums, wie es bei den magnetischen Datenträgern der Fall ist. Sie ist stets dann von besonderem Vorteil, wenn die Möglichkeit bestehen soll, bei Bedarf auch manuell in den Ablauf der ADV einzugreifen.

Die Lochkarte erfüllt in ihrer Funktion als Datenträger gleichzeitig die einer Karteikarte, eines Belegs, eines Speichermediums und eines Steuerelements (Programme als geordnete Folgen von Steueranweisungen werden vielfach auf Lochkarten gestanzt). Die A n w e n d u n g s b e r e i c h e der Lochkarte liegen bevorzugt dort, wo zum einen Daten erstmals in die DVA gelangen sollen und wo zum anderen eine Verbindung von Datenträger und Organisationsmittel (Stromrechnung, Arbeitszeitkarte, Lagerkarte, Wahlausweise usw.) gewünscht wird. Karten, die neben der Funktion des Datenträgers noch die eines Beleges haben, nennt man auch **Verbundkarten.** Verbundkarten werden vielfach mit einem speziellen, den Verwendungszweck und die Einteilung des Inhalts in die einzelnen Felder optisch kennzeichnenden Aufdruck versehen.

Neben der hier beschriebenen 80spaltigen Maschinenlochkarte existieren noch einige weitere, von ihrer Bedeutung her allerdings untergeordnete Kartenversionen. Sie unterscheiden sich von der 80spaltigen Maschinenlochkarte durch Größe und Form, Spaltenzahl, Form der Löcher und Positionierung der Lochungen sowie den verwendeten Code. Vom Namen her erwähnt werden sollen hierzu lediglich die 90spaltige Maschinenlochkarte und die 96spaltige Kleinlochkarte.

## b) Lochstreifen

Der Lochstreifen ist ein aus einem Papierstreifen — manchmal auch Kunststoffstreifen — bestehender Datenträger, der bei einer Ausgangslänge von etwa 300 m auf einer Rolle von ca. 20 cm Durchmesser aufgespult ist. Es gibt verschiedene L o c h s t r e i f e n a r t e n , deren Breiten je nach Anzahl der sogenannten Kanäle etwa zwischen 1,7 und 2,6 cm liegen.

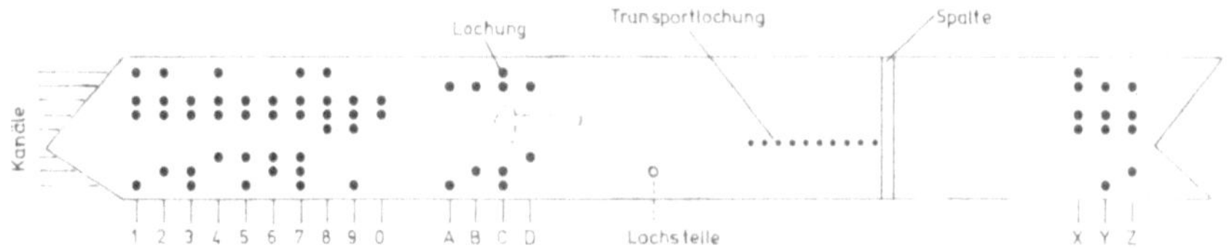


*Abb. 14: 8-Kanal-Lochstreifen*

Abb. 14 zeigt den Aufbau eines 8-Kanal-Lochstreifens. Darüber hinaus unterscheidet man noch 5-, 6- und 7-Kanal-Lochstreifen. Senkrecht zur Bewegungsrichtung des Lochstreifens wird durch Lochungen oder Lochkombinationen an den auf beiden Seiten der unsymmetrisch angeordneten Transportlochung vorhandenen Lochstellen pro Spalte ein Zeichen dargestellt. Die Zahl der Kanäle — sie werden auch Informationsspuren oder Lochzeilen genannt — gibt die Zahl der möglichen Lochstellen pro Spalte an. Die Verschlüsselung einiger Zeichen in einem 8-Kanal-Lochstreifen-Code zeigt Abb. 14.

Der 5-Kanal-Lochstreifen als der älteste Lochstreifen hat besondere Bedeutung durch die Verwendung im Fernschreibwesen erlangt. In der Datenverarbeitung werden heute vorwiegend 8-Kanal-Lochstreifen eingesetzt.

Der Lochstreifen ist ein billiger und robuster Datenträger mit vielseitiger Verwendbarkeit. Da eine Begrenzung der Kapazität auf eine bestimmte Zeichenzahl nicht besteht, ist die Kapazitätsausnützung besser als bei der Lochkarte. Obwohl die Zeichendichte beim Lochstreifen von ca. 4 Zeichen pro cm der der Lochkarte in etwa entspricht, ist der Raumbedarf beim Lochstreifen geringer. Dazu die theoretische Überlegung: Bei einer Zeichendichte von 4 Zeichen pro cm lassen sich auf einer voll ausgelochten Lochstreifenrolle (300 m Länge; 20 cm Durchmesser) ca. 120 000 Zeichen abspeichern. Dies entspricht einer Kapazität von 1500 voll gestanzten Lochkarten und dem Platzbedarf eines Lochkartenstapels von ca. 24 m Höhe. Auch die Transportfähigkeit bzw. die Versandmöglichkeit des Lochstreifens ist besser als bei der Lochkarte; abgesehen vom geringeren Gewicht und kleineren Platzbedarf können keine Daten durcheinandergebracht werden. Letztlich muß als V o r t e i l des Lochstreifens auch noch erwähnt werden, daß gerade er bei der „Datenerfassung als Nebenprodukt" oft zur Anwendung kommt.

Ein N a c h t e i l des Lochstreifens ist die bei einem einmal gelochten Lochstreifen starre und nicht veränderbare Reihenfolge von Datensätzen. Die Flexibilität ist im Vergleich zur Lochkarte gering. Eine Bearbeitung nur einzelner Daten innerhalb des Lochstreifens ist genauso wenig möglich, wie das Selektieren, Sortieren oder Austauschen. Für manuelle Bearbeitung ist der Lochstreifen nicht geeignet.

Der Lochstreifen fand zunächst im technisch-wissenschaftlichen Bereich der Datenverarbeitung V e r w e n d u n g , wo er in der Funktion als Steuerelement vor allem zur automatischen Steuerung von Maschinen eingesetzt wird. Er hat sich auch im kaufmännischen Bereich durchgesetzt und wird als preiswerter und unempfindlicher Datenträger etwa bei der Erfassung von Geschäftsvorgängen (z. B. Protokollierung der Zahl und des Umsatzes der verkauften Waren an einer Kasse) zur späteren EDV-Verarbeitung eingesetzt. Vor allem im Rechnungswesen findet er häufig und in der Form der „Datenerfassung als Nebenprodukt" Anwendung. Generell findet der Lochstreifen auf Grund seiner Eigenschaft eines billigen und wenig platzaufwendigen Mediums in der Dokumentation von Programmen und Dateien und in der Datensicherung Verwendung.

## c) Magnetband

Das Magnetband ist einer der beiden Hauptvertreter der Datenträger mit Magnetschrift. Es ist vom äußeren Aufbau her entfernt mit dem Tonband vergleichbar, besteht aus einem etwa 12,7 mm breiten Kunststoffband mit magnetisierbarer Oberfläche und ist bei einer üblichen Länge von ca. 730 m auf einer Rolle von etwa 27 cm Durchmesser aufgespult. Kleinste magnetisierbare Punkte sind in nebeneinanderliegenden Informationsspuren (meistens 9, manchmal 7) fixiert.

Durch Kombination von Magnetisierungszuständen oder Magnetisierungswechseln der senkrecht zur Laufrichtung in einer Spalte angeordneten Punkte wird ein Zeichen dargestellt. Es besteht hierbei eine gewisse Ähnlichkeit mit dem Lochstreifen, wobei aber die magnetisierten Stellen beim Magnetband im Gegensatz zu den Lochstellen beim Lochstreifen unsichtbar sind.

Die Zeichendichte beim Magnetband liegt je nach Konzeption der Magnetbandgeräte zwischen 320 und 640 Zeichen/cm (Lochstreifen: 4 Zeichen/cm!). Die übliche Kapazität eines Magnetbandes beträgt 20 Mill. Zeichen. Dies entspricht etwa 170 voll ausgelochten Lochstreifenrollen oder einem Lochkartenstapel von

350 000 Lochkarten und einer Höhe von 40 m! Die Kapazitätsangabe von 20 Mill. Zeichen läßt sich nicht rechnerisch aus Zeichendichte und Bandlänge nachvollziehen, da die Datenorganisation auf dem Magnetband Zwischenräume (sogenannte Kluften) erfordert, in denen keine Daten gespeichert sind und außerdem aus Handhabungsgründen am Anfang und Ende des Bandes jeweils etwa 5 m nicht beschreibbar sind.

*Ein wesentliches Merkmal der Datenträger mit Magnetschrift ist die Eigenschaft, mehrmals Daten aufnehmen zu können.*

Dasselbe Magnetband kann praktisch beliebig oft mit neuen Daten beschrieben werden, was zugleich — wie beim Tonband — ein Löschen der alten Daten bewirkt. Damit nicht unbeabsichtigt ein Band mit noch wichtigen Daten überschrieben wird, gibt es die S i c h e r u n g s m ö g l i c h k e i t durch einen S c h r e i b r i n g , der in eine Nut der Magnetbandspule eingelegt werden kann. Fehlt dieser Schreibring, so ist der Schreibmechanismus blockiert; die Daten des Bandes können dann nur gelesen werden.

Daten auf einem Band werden sinnvollerweise nur in der Reihenfolge bearbeitet, in der sie auf dem Magnetband stehen. Man bezeichnet dies als R e i h e n - f o l g e z u g r i f f oder s e r i e l l e n  Z u g r i f f . Das Magnetband ist ein zuverlässiger Datenträger, der eine große Menge von Daten auf kleinstem Raum aufnimmt. Es kann sehr vielseitig eingesetzt werden. Bedeutung hat es vor allem als externer Massenspeicher (siehe VI 3).

Bedingt durch die hohe Zeichendichte sind Magnetbänder relativ empfindlich. Extreme Luftfeuchtigkeitswerte sowie extreme Temperaturen und große Temperaturschwankungen sind ebenso wie starke Magnetfelder zu vermeiden. Magnetbänder sollten möglichst staubfrei gelagert und benützt werden.

Als eine spezielle Version des Magnetbandes tritt insbesondere in der Mittleren Datentechnik immer mehr die **Magnetbandkassette** in Erscheinung. Diese ist vom prinzipiellen Aufbau her mit der Tonbandkassette vergleichbar. Gegenüber dem Magnetband ist die Kassette kleiner, hat eine geringere Kapazität (bis max. 2,5 Mill. Zeichen), arbeitet langsamer und ist wesentlich billiger.

## d) Magnetplatte

Der zweite bedeutende und von praktisch keinem Rechenzentrum mehr wegzudenkende Vertreter der Datenträger mit Magnetschrift ist die Magnetplatte. Wie alle Datenträger mit Magnetschrift kann auch die Platte Daten mehrmals aufnehmen, indem die alten Daten überschrieben werden. Eine Magnetplatte besteht aus einer kreisrunden Aluminiumscheibe mit einem Durchmesser zwischen 35 und 120 cm, die auf beiden Seiten mit einer magnetisierbaren Schicht überzogen ist. Sie rotiert mit einer konstanten Umdrehungszahl zwischen 2000 und 3600 Umdrehungen pro Minute.

Jede Seite der Platte ist in konzentrische Kreise — sogenannte S p u r e n — unterteilt (siehe Abb. 15), auf denen die Zeichen durch Kombination von

Magnetisierungszuständen oder Magnetisierungswechseln einzelner kleinster Punkte dargestellt werden. Eine Spur kann üblicherweise 3625 Zeichen aufnehmen.

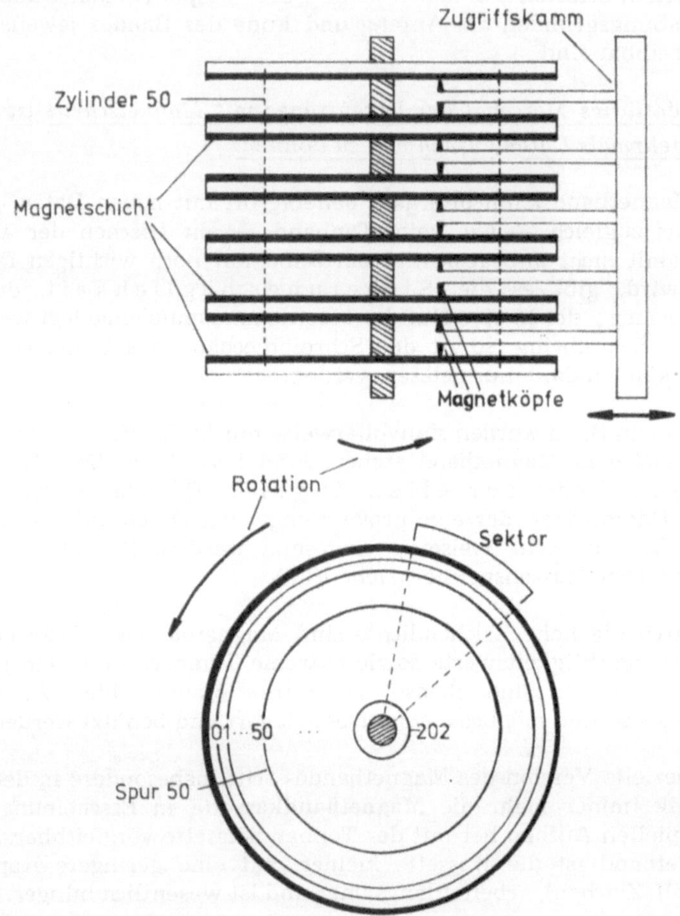


*Abb. 15: Magnetplattenstapel*

Sie läßt sich weiter in sogenannte S e k t o r e n unterteilen, die sowohl gleichbleibend feste als auch variable Größen haben können. Ein Sektor ist die kleinste Einheit einer Magnetplatte, auf die zugegriffen werden kann. Meistens sind pro Oberfläche 200 Spuren plus 3 Reservespuren angeordnet. Die Reservespuren kommen nur dann zum Einsatz, wenn andere Spuren defekt sind. Vom Kreisrand zur Mitte der Platte ergibt sich auf Grund der für alle Spuren gleichen Kapazität eine zunehmende Zeichendichte.

Häufig sind mehrere Platten in gleichen Abständen übereinander zu einem M a g n e t p l a t t e n s t a p e l zusammengefaßt. Dies ist ungefähr vergleichbar mit einem Plattenwechsler-Schallplattengerät, wobei allerdings beim Magnetplattenstapel einzelne Platten innerhalb des Stapels nicht ausgewechselt oder vertauscht werden können. Sie sind fest montiert. Die beiden äußersten Oberflächen des Stapels sind nicht mit einer Magnetschicht überzogen und können keine Daten aufnehmen. Sehr verbreitet ist der Aufbau aus 6 Platten und 10 verwendbaren Oberflächen (siehe Abb. 15).

Die Kapazität eines solchen Stapels ergibt 7,25 Mill. Zeichen. Übereinanderliegende Spuren der verschiedenen Plattenoberflächen faßt man zu einem Z y l i n d e r zusammen. Der Plattenstapel in Abb. 15 hat 200 Zylinder (plus 3 Reservezylinder), wobei jeder Zylinder aus den 10 übereinanderliegenden Spuren gebildet wird.

Über den sogenannten Z u g r i f f s k a m m des Magnetplattengerätes, der die zu den Schreib-Lese-Vorgängen auf den einzelnen Oberflächen notwendigen Magnetköpfe gleichzeitig bewegen läßt, können alle Spuren eines Zylinders gleichzeitig gelesen oder beschrieben werden. Zusammengehörige Daten werden deshalb sinnvollerweise nicht auf nebeneinanderliegenden Spuren der gleichen Plattenoberfläche, sondern auf untereinanderliegenden Spuren des gleichen Zylinders untergebracht, wodurch unnötige Bewegungen des Zugriffsarmes vermieden werden. Die Magnetköpfe sind durch ein hauchdünnes Luftpolster von den Magnetschichten getrennt. Dadurch sind Verschleißerscheinungen kaum gegeben; wohl aber besteht die Gefahr von Störungen durch kleinste Schmutzpartikel auf den Magnetschichten.

Die auf der rotierenden Magnetplatte befindlichen Spuren werden mit hoher Geschwindigkeit an den Magnetköpfen vorbeigeführt, die sich zusätzlich quer zur Drehrichtung der Platte über alle Datenspuren hinweg bewegen können. Darauf beruht die Eigenschaft des d i r e k t e n oder w a h l f r e i e n Z u - g r i f f s der Magnetplatte. Auf jede Stelle der Platte kann in der fast gleichen Zeit zugegriffen (gelesen oder geschrieben) werden.

Im Gegensatz zum Magnetband ist nicht nur das serielle Abarbeiten der Daten möglich, sondern jeder Satz, egal wo er steht, kann direkt bearbeitet werden. Der direkte Zugriff ist durch die kleinen im Millisekundenbereich liegenden Zugriffszeiten bedingt. Die Z u g r i f f s z e i t bei der Platte setzt sich zusammen aus 1. der Positionierungszeit; der Zeit, die vergeht, bis der Zugriffskamm sich auf den jeweiligen Zylinder bewegt hat und 2. der Drehwartezeit; der Zeit, die vergeht, bis innerhalb der eingestellten Spur der gewünschte Sektor am Magnetkopf vorbeikommt.

Die Magnetplatte zeichnet sich aus durch große Speicherkapazität, hohe Bearbeitungsgeschwindigkeit und vor allem die direkte Zugriffsmethode. In dieser Zugriffsmethode liegt auch der gravierende Unterschied zum Magnetband. Der Einsatz der Magnetplatte liegt vor allem dort, wo aus Dateien einzelne Daten an den verschiedensten Stellen schnell herausgegriffen und bearbeitet werden müssen. Dies ist z. B. der Fall bei Bestandsveränderungen im Materialwesen oder bei der Lieferschein- und Rechnungserstellung. Auch bei Auskunfts- und Platzbuchungssystemen sind Magnetplatten nicht mehr wegzudenken.

Je nachdem, ob eine Magnetplatte bzw. ein Magnetplattenstapel in das Magnetplattengerät fest eingebaut oder auswechselbar ist, unterscheidet man noch zwischen dem Begriff der **Festplatte** und der **Wechselplatte.** Bei der Wechselplatte besteht praktisch unbegrenzte Speichermöglichkeit für den Computer.

Platten und Plattenstapel treten in verschiedenen A u s f ü h r u n g s f o r m e n auf. Die Kapazitäten gehen von 2 Mill. bis zu 300 Mill. Zeichen. Die Magnetplatte hat vor allem Bedeutung als externer Massenspeicher (siehe VI 2).

Eine spezielle Version der Magnetplatte stellt die **Diskette** (Floppy-Disk) dar. Sie wird vorwiegend in der Mittleren Datentechnik eingesetzt und stellt eine Kleinausführung der Magnetplatte dar. Die Diskette besteht aus einer leichten und biegsamen Scheibe von der Größe etwa einer Single-Schallplatte. Die Kapazität geht bis zu etwa 1 Mill. Zeichen. Wegen der einfachen Handhabung, der guten Transportmöglichkeit und des günstigen Preises bietet die Diskette als Datenträger viele Anwendungsmöglichkeiten und wird immer mehr in Erscheinung treten.


### e) Magnetkontenkarte

Die Magnetkontenkarte läßt sich in ihrer Bedeutung für die EDV nicht mit der des Magnetbandes oder der Magnetplatte vergleichen. Sie ist allerdings ein wichtiger Datenträger in der Mittleren Datentechnik, womit auch ihr Aufbau zu erklären ist.

Die Magnetkontenkarte ist eine Kontenkarte, die neben dem normalen Formularteil parallel zum seitlichen Kartenrand mit einem Magnetstreifen versehen ist. Während die im magnetisierbaren Bereich aufgezeichneten Daten nicht sichtbar sind und der maschinellen Verarbeitung dienen, kann der übrige Teil wie ein normales Formular zur manuellen Bearbeitung benutzt werden. Die Einordnung in die Gruppe der nur maschinell lesbaren Datenträger ist also nur bedingt richtig und bezieht sich auf den Magnetstreifen.

Je nach Datenvolumen kann zwischen Magnetkontenkarten unterschiedlicher Größe gewählt werden. Die Kapazität einer Karte reicht bis zu 1000 Zeichen. Neben den üblichen Stammdaten bei z. B. einer Lohnkarte ermöglicht eine solche Kapazität noch die Aufnahme von Angaben wie etwa Urlaubsentgelt, Überstundenentgelt, sonstige Abzüge usw. und auch noch z. B. die gesammelte Aufrechnung zum Lohnsteuerjahresausgleich. Magnetkontenkarten sind relativ billig und bieten die Möglichkeit des Selektierens und Sortierens. Dateien können beliebig ausgebaut werden. Arbeiten wie Selektieren, Sortieren oder Ergänzen müssen allerdings von Hand gemacht werden. Magnetkontenkarten haben nur dort einen Sinn, wo neben der maschinellen Verarbeitung auch eine manuelle Verarbeitung erforderlich ist, volle Automatisierung also nicht angestrebt wird.

**Fragen:**

29. Worin liegen die Nachteile der Lochkarte und warum wird sie trotzdem verwendet?

30. Wie hängen die Begriffe „Feld", „Satz" und „Datei" miteinander zusammen?

31. Was sind sogenannte Verbundkarten?

32. Welches ist das wesentliche Merkmal der Datenträger mit Magnetschrift im Gegensatz zu den Datenträgern mit Lochschrift?

33. Was ist ein Schreibring?

34. Wie werden bei einem Magnetplattenstapel die magnetisierbaren Plattenoberflächen eingeteilt?

35. Wie setzt sich die Zugriffszeit bei der Magnetplatte zusammen?

36. Werden bei der Magnetplatte zusammengehörige Daten auf nebeneinanderliegenden Spuren der gleichen Plattenoberfläche oder auf untereinanderliegenden Spuren des gleichen Zylinders abgespeichert?

37. Was versteht man unter „seriellem Zugriff" und unter „wahlfreiem Zugriff"? Welches ist der typische Vertreter für jede Kategorie?

38. Wodurch unterscheidet sich eine sogenannte Festplatte von einer Wechselplatte?

39. Was ist eine Diskette?

## 2. Maschinell und visuell lesbare Datenträger

Wie schon unter IV 4 erwähnt wurde, unterscheidet man an Belegen für die maschinelle Direktlesung:
— Markierungsbeleg,
— Magnetschriftbeleg,
— Klarschriftbeleg,
— Handschriftbeleg.

Alle Belege zeichnen sich unabhängig von der manuellen oder maschinellen Erfassung der Daten auf dem Beleg durch maschinelle und visuelle Lesbarkeit aus, womit der Vorgang der Datenerfassung erleichtert wird. Sie sind in ihrer Funktion als Datenträger nicht nur zur Eingabe der Daten in den Computer geeignet, sondern sind auch voll und ganz der manuellen Überprüfung und Interpretation zugänglich. Eine individuelle Gestaltung der Belege bezüglich Abmessung, Aufteilung und Beschriftung ist möglich.

## a) Markierungsbeleg

Ein Markierungsbeleg enthält Markierungsstellen mit vorgegebener Bedeutung. Von Hand wird nach dem Prinzip der Ja/Nein-Entscheidung an einer Markierungsstelle eine Strichmarkierung angebracht, wenn die der Markierungsstelle vorgegebene Bedeutung zutrifft. Eine nicht vorhandene Strichmarkierung sagt aus, daß die der entsprechenden Markierungsstelle zugeordnete Bedeutung nicht zutrifft.

*Abb. 16: Markierungsbeleg*

Abb. 16 zeigt als **Beispiel** einen Ausschnitt eines Markierungsbelegs aus dem medizinischen Bereich. Zur Datenerfassung genügt also ein dunkler oder ein graphithaltiger Stift, je nachdem, ob die Markierungen anschließend im sogenannten Markierungsleser auf optischem oder auf elektromagnetischem Wege festgestellt werden.

Die Formulargröße und die Formulareinteilung läßt sich flexibel gestalten. Auf den Belegen können mehrfarbig — aber ohne die „Markierungsfarbe" — beliebige Erläuterungen für die manuelle Bearbeitung und Interpretation angebracht werden. Ein Markierungsbeleg kann bis zu 1000 Markierungsstellen aufnehmen. Die Eingabe der Daten in den Computer erfolgt über Markierungsleser mit einer Geschwindigkeit zwischen 50 und 400 Belegen pro Minute.

Markierungsbelege finden dort V e r w e n d u n g , wo nur eine begrenzte Anzahl von Angaben mit jeweils vorgegebener und begrenzter Antwortvielfalt erforderlich sind. So z. B. bei statistischen Fragebögen, Inventurlisten, Auftrags- und Bestellformularen. Die Fehlerquote durch falsch oder schlecht angebrachte Strichmarkierungen ist relativ groß.

## b) Magnetschriftbeleg

Beim Magnetschriftbeleg wird zur Darstellung der Zeichen eine eisenoxidhaltige und damit magnetisierbare Druckfarbe verwendet. Es wurden außerdem spezielle Schriften entwickelt, wobei sich in Europa die sogenannte C M C - 7 - S c h r i f t durchgesetzt hat (siehe Abb. 17), bei der die Schriftzeichen aus 7 vertikalen, teils durchgehenden, teils unterbrochenen Strichen unterschiedlicher Länge bestehen. Die visuelle Lesbarkeit ergibt sich aus dem gut erkennbaren Umriß der Zeichen. Die maschinelle Erkennung ist eine magnetische Erkennung und ergibt sich aus der Verteilung der 6 schmalen und breiten Abstände zwischen den senkrechten Strichen. Durch Magnetisieren der Eisenoxid-Teilchen unmittelbar vor der Lesestation des Magnetschriftlesers läßt sich dort die jeweilige Verteilung der 6 Abstände und damit das entsprechende Zeichen bestimmen. Mit den 6 entweder breiten oder schmalen Abständen sind 64 alphanumerische Zeichen darstellbar.

*Abb. 17: CMC-7-Schrift*

Ein Magnetschriftbeleg läßt sich nur maschinell erstellen. An die Druck- und Farbqualität müssen hohe Anforderungen gestellt werden. Eine Verschmutzung des Belegs bis hin zur visuellen Unlesbarkeit beeinträchtigt die maschinelle Lesbarkeit nicht, so lange keine mechanische Beschädigung des Drucks vorliegt. Die Eingabegeschwindigkeit über Magnetschriftleser ist mit 500—1500 Belegen pro Minute relativ hoch und zudem sehr sicher.

Seine erste V e r w e n d u n g fand der Magnetschriftbeleg schon in den 50er Jahren bei amerikanischen Banken, wo er noch heute im Scheckdienst eingesetzt wird. Im Bundesgebiet wird er z. B. bei der maschinellen Rezeptabrechnung eingesetzt, indem auf den Rand der Rezepte Arzt-Nummer, Apotheken-Nummer, Kassen-Nummer usw. in Magnetschrift zur späteren maschinellen Verarbeitung aufgedruckt werden. Für Briefverteilanlagen wird die Postleitzahl in Magnetschrift auf das Kuvert gedruckt. Weitere Anwendung findet der Magnetschriftbeleg z. B. als Versandbeleg oder Materialschein.

### c) Klarschriftbeleg

Die hohen Anforderungen, die beim Magnetschriftbeleg an die magnetisierbare Druckfarbe gestellt werden müssen, haben dazu geführt, daß im europäischen Bereich sich mehr die o p t i s c h e  Z e i c h e n e r k e n n u n g durchgesetzt hat. Beim Klarschriftbeleg (= optischer Beleg) werden speziell entwickelte stilisierte Zeichen verwendet, deren maschinelle Lesung auf dem Hell/Dunkel-Unterschied beruht, d. h. auf dem Kontrast, den die Schriftzeichen gegenüber dem Untergrund aufweisen. Die Form der Hell/Dunkel-Konturen ergibt das jeweilige Zeichen. Am meisten ist die mit DIN 66008 genormte  O C R - A - S c h r i f t (OCR-A = optical-character-recognition Typ A) verbreitet (siehe Abb. 18).

**0123456789**
**ABCDEFGHIJ**

*Abb. 18: OCR-A-Schrift*

Die Beschriftung der Belege kann durch Schnelldrucker, Schreib-, Rechen- oder Buchungsmaschinen erfolgen. An die Druckfarbe werden keine besonderen Anforderungen gestellt.

Der E i n s a t z im bargeldlosen Zahlungsverkehr hat dem Klarschriftbeleg in der Bundesrepublik Deutschland zum Durchbruch verholfen. Im Scheck- und Überweisungsverkehr ist die Klarschrift- oder Codierzeile alltäglich. Auch Einzahlungsformulare werden mehr und mehr mit Klarschrift versehen.

Abb. 19 zeigt einen Bankscheck. Vom Antragsteller werden handschriftlich die notwendigen Eintragungen vorgenommen. Am unteren Rand (in der Codierzeile) sind Scheck-Nummer, Konto-Nummer und Bankleitzahl in OCR-A-Schrift aufgedruckt. Die Bank, bei der der Scheck eingereicht wird, ergänzt den Betrag mit einer Spezialschreibmaschine in OCR-A-Schrift. Der Scheck ist jetzt als Klarschriftbeleg maschinell zu verarbeiten.

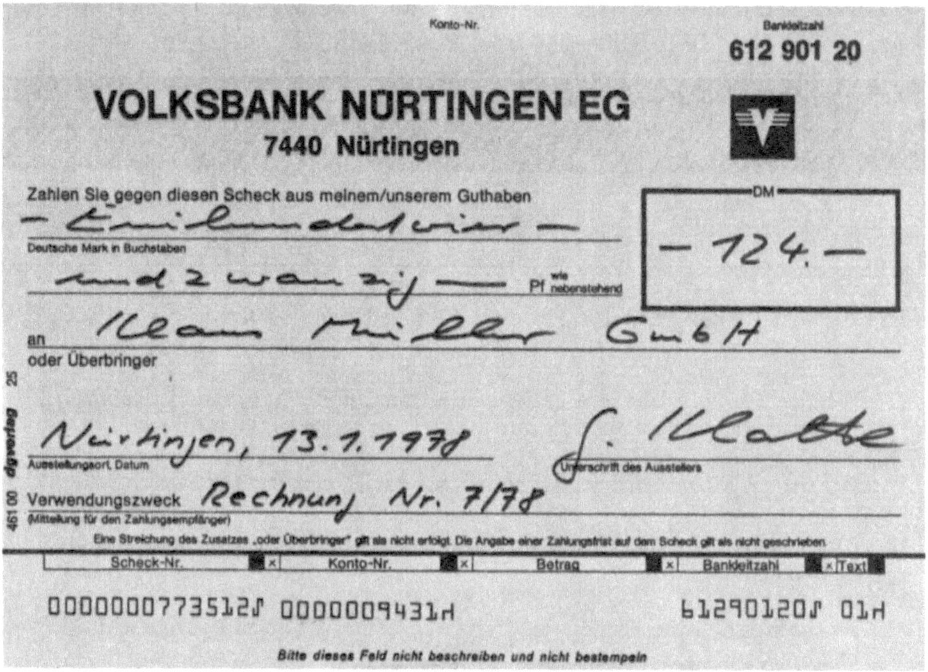
Konto-Nr.

Bankleitzahl 612 901 20

VOLKSBANK NÜRTINGEN EG
7440 Nürtingen

Zahlen Sie gegen diesen Scheck aus meinem/unserem Guthaben — Einhundertvier — und zwanzig — DM — 124.—

Deutsche Mark in Buchstaben — Pf wie nebenstehend

an Klaus Müller GmbH oder Überbringer

Nürtingen, 13.7.1978

Ausstellungsort, Datum — Unterschrift des Ausstellers

Verwendungszweck Rechnung Nr. 7/78 (Mitteilung für den Zahlungsempfänger)

Eine Streichung des Zusatzes „oder Überbringer“ gilt als nicht erfolgt. Die Angabe einer Zahlungsfrist auf dem Scheck gilt als nicht geschrieben.

| Scheck-Nr. | Konto-Nr. | Betrag | Bankleitzahl | Text |
|---|---|---|---|---|

0000000773512 0000009431 61290120 01

Bitte dieses Feld nicht beschreiben und nicht bestempeln

*Abb. 19: Scheck mit „Codierzeile“*

Muß nur eine Zeile eingelesen werden, so liegt die Eingabegeschwindigkeit über den Belegleser zwischen 500 und 1500 Belegen pro Minute. Für das Lesen einer gesamten DIN-A-4-Seite werden dagegen zwischen 1 und 15 Sekunden benötigt. Das Beschriften von Klarschriftbelegen ist wenig aufwendig; das Leseverfahren jedoch kompliziert. Deshalb müssen Klarschriftbelege sehr sorgfältig behandelt werden, damit durch Knicke, Risse oder Verschmutzungen keine Störungen oder gar Fehler auftreten.

**d) Handschriftbeleg**

Unter dem Handschriftbeleg versteht man den handschriftlich unter Einhaltung bestimmter Richtlinien ausgefüllten und für die maschinelle Weiterverarbeitung vorgesehenen Datenträger. Das Prinzip entspricht genau dem des Klarschriftbelegs. Die manuell erstellten Schriftzeichen dürfen nur wenig von der Idealform abweichen.

1234567890

*Abb. 20: Handschrift*

Abb. 20 zeigt dies für die numerischen Zeichen. Besondere Sorgfalt ist beim Ausfüllen der Belege notwendig. Überall dort, wo ein großer Anfall von handgeschriebenen Belegen vorliegt, z. B. in Kaufhäusern und Versandhäusern, ergäben sich viele Einsatzmöglichkeiten des Handschriftbelegs. Doch lassen sich „Charakterschriften" nicht lesen und trotz Schulung sind nur wenige Personen in der Lage, einwandfreie maschinenlesbare Zeichen zu erstellen, so daß sich der E i n s a t z des Handschriftbelegs vorwiegend auf die Verwendung numerischer Zeichen beschränkt.

**Fragen:**

40. Welche Belege werden bei der maschinellen Direktlesung unterschieden?

41. Welche Vorteile besitzen generell die maschinell und visuell lesbaren Datenträger gegenüber den nur maschinell lesbaren Datenträgern?

42. Wo finden Markierungsbelege insbesondere Verwendung?

43. Auf welchem Prinzip beruht beim Magnetschriftbeleg die maschinelle Lesbarkeit?

44. Wo werden Klarschriftbelege in der Bundesrepublik Deutschland bislang vorwiegend eingesetzt?

45. Auf welchem Prinzip beruht sowohl beim Klarschrift- als auch beim Handschriftbeleg die maschinelle Lesbarkeit?

# VI. Datenspeicherung

**Lernziel:**

Sie sollen die verschiedenen Möglichkeiten zur Datenspeicherung, die Kriterien zur Beurteilung von Speichern und die gravierenden Unterschiede der wichtigsten externen Massenspeicher kennenlernen.

## 1. Möglichkeiten und Kriterien der Datenspeicherung

Die Speicherung von Daten ist eine grundlegende Funktion in der Datenverarbeitung.

*Speichern bedeutet, Daten über eine zeitliche Distanz so aufzubewahren, daß sie danach unverändert abrufbar sind.*

*Ein Speicher ist jedes Mittel, das Daten in maschinell lesbarer Form festhält.*

Im Prinzip ist damit jeder Datenträger ein Datenspeicher. In der Praxis sind jedoch vor allem solche Medien als Speicher von Interesse, die in der Lage sind, große Mengen von Daten auf kleinem Raum und mit schneller Verfügbarkeit zu speichern. Dazu gehören der **interne Speicher** der Zentraleinheit und die **externen Speicher.**

Für die externen Speicher hat sich die Gruppe der Datenträger mit Magnetschrift (siehe A V 1) als sogenannte M a g n e t s c h i c h t s p e i c h e r durchgesetzt. Bei internen Speichern wird entweder ein magnetisches Speicherprinzip im Falle der sogenannten M a g n e t k e r n s p e i c h e r oder ein elektronisches Prinzip im Falle der H a l b l e i t e r s p e i c h e r angewandt.

Für die **Beurteilung** und Unterscheidung der Speicher sind als **Kriterien** maßgebend:
— Speicherkapazität,
— Zugriffszeit,
— Zugriffsart,
— Permanenz,
— Kosten.

Die **Speicherkapazität** gibt das Fassungsvermögen des Speichers in Anzahl von Zeichen an. Als Grundeinheit der Kapazität wird meistens 1 K = 1024 verwendet. 1 K Zeichen sind also 1024 Zeichen, 16 K entsprechen 16 384 und 256 K demnach 262 144 Zeichen.

Unter der **Zugriffszeit** versteht man die Zeit, die zum Aufsuchen eines Speicherplatzes und zum Schreiben der Daten in diesen Speicherplatz bzw. zum Lesen der Daten aus diesem Speicherplatz vergeht. Die Zugriffszeit wird maßgeblich von der Art und Weise, wie eine bestimmte Stelle des Speichers erreicht wird, und somit von der Zugriffsart bestimmt.

Bei der **Zugriffsart** wird zwischen den unter A V 1 c) und d) erwähnten Möglichkeiten des R e i h e n f o l g e z u g r i f f s oder s e r i e l l e n Z u g r i f f s und des w a h l f r e i e n Z u g r i f f s oder d i r e k t e n Z u g r i f f s unterschieden. Beim Reihenfolgezugriff ist der Zugriff zu den Daten des Speichers an die Reihenfolge gebunden, in der sie abgespeichert wurden. In dieser Reihenfolge sollten sie gelesen und verarbeitet werden, weil nur dann die Zugriffszeit für alle Daten gleichermaßen kurz ist. Bei einer Abweichung von der vorhandenen Reihenfolge würden die Zugriffszeiten abhängig von der Stelle, an der sich die gesuchten Daten befinden, die unterschiedlichsten Werte annehmen, gegenüber der Einhaltung der Reihenfolge aber nur länger werden. Beim wahlfreien Zugriff besteht keine Bindung an eine Reihenfolge, da auf alle Daten, ganz gleich an welcher Stelle sie sich im Speicher befinden, mit fast gleicher Zugriffszeit zugegriffen werden kann.

Mit dem Kriterium der **Permanenz** wird ausgesagt, ob der Inhalt eines Speichers nach Abschalten der Energiezufuhr — die in jedem Fall zur Speicherung notwendig ist — erhalten bleibt oder nicht. In Permanenzspeichern bleibt der Inhalt erhalten. Dazu gehören alle Speicher mit magnetischem Speicherprinzip. Werden beim Abschalten der Stromzufuhr zu der DVA Daten gelöscht oder verändert, so spricht man von nicht permanenten oder t e m p o r ä r e n  S p e i c h e r n. Halbleiterspeicher sind temporäre Speicher.

Bei den  K o s t e n  eines Speichers interessieren weniger die Gesamtkosten, sondern die Kosten bezogen auf eine Speichereinheit, also z. B. die Kosten je abzuspeicherndem Zeichen. Diese anteilmäßig auf ein Zeichen umgerechneten Kosten steigen mit wachsender Kapazität und sinkender Zugriffszeit. Nur über die anteiligen Kosten lassen sich die Kostenvergleiche bei Speichern unterschiedlicher Kapazität durchführen.

Zwischen der Gruppe der externen Speicher und dem internen Speicher bestehen große Unterschiede hinsichtlich der Kriterien Kapazität, Zugriffszeit und Kosten. Der interne Speicher ist gegenüber den externen Speichern teuer, hat geringe Kapazität aber dafür eine sehr kurze Zugriffszeit. Die Kapazitäten interner Speicher liegen zwischen 4 und 2000 K Zeichen; die Zugriffszeiten im Nano-Sekundenbereich (1 Nano-Sekunde = 1 milliardstel Sek.). Zum Vergleich: 1 Nano-Sekunde steht zu einer Sekunde im gleichen Zeitverhältnis wie eine Sekunde zu etwa 32 Jahren!

Die Unterschiede zwischen internen und externen Speichern lassen sich anschaulich mit den Unterschieden zwischen Rennauto und Gebrauchsauto vergleichen. Das Rennauto entspricht dem internen Speicher; beide sind vergleichsweise teuer, haben geringe Aufnahmekapazität und sind sehr schnell. Sowohl Gebrauchsauto wie auch externe Speicher kosten demgegenüber wenig, haben viel Platz und sind langsam. In einer Beziehung hinkt der Vergleich allerdings gewaltig: Als Fortbewegungsmittel braucht man nicht ein Rennauto; in der EDV aber unbedingt einen internen Speicher.

Um weitere Vergleiche anstellen zu können, sei angeführt, daß das menschliche Gedächtnis angeblich eine Speicherkapazität von einer Milliarde Zeichen hat (eine Schreibmaschinenseite umfaßt etwa 2000 Zeichen) bei einer Zugriffszeit zwischen einer hundertstel Sekunde und 1 Sekunde.

Daß sowohl von dem internen Speicher (Einzahl) als auch den internen Speichern (Mehrzahl) gesprochen wird, hängt damit zusammen, daß zusätzlich zu dem Arbeits- oder Hauptspeicher der Zentraleinheit diese für Sonderzwecke weitere, noch schnellere Speicher sehr kleiner Kapazität, sogenannte **Register,** braucht. Register und Hauptspeicher sind die internen Speicher. Interner Speicher ohne weiteren Zusatz ist gleichbedeutend mit dem Hauptspeicher. Die oben angeführten Kriterien der internen Speicher beziehen sich damit auf den Hauptspeicher.

Aus Gründen der vergleichsweise hohen Kosten und der damit zusammenhängenden niedrigen Kapazität bleibt der interne Speicher den jeweils aktuell benötigten Programmen, den dazu kurzfristig erforderlichen Daten und den bei der Verarbeitung entstehenden Zwischen- und Endergebnissen vorbehalten.

Bei modernen Datenverarbeitungsanlagen werden die internen Speicher (Hauptspeicher wie auch Register) vorwiegend als Halbleiterspeicher ausgeführt, so daß es sich hierbei um temporäre Speicher handelt.

## 2. Externe Speicher

Als externer Speicher kann jeder maschinell lesbare Datenträger in Frage kommen. In erster Linie versteht man aber darunter die Magnetschichtspeicher als **Massenspeicher,** die auf kleinem Raum mit kurzer Zugriffszeit eine Menge von Daten speichern. Dazu gehören
— Magnetband, Magnetbandkassette,
— Magnetplatte, Diskette,
— Magnettrommel,
— Magnetkarte und Magnetstreifen.

Die charakteristischen Eigenschaften von Magnetband, Magnetbandkassette, Magnetplatte und Diskette als Datenträger sind unter A V 1 c) und d) dargelegt worden. Magnettrommel, Magnetkarte und Magnetstreifen sollen hier nur als externe Speicher mit einigen typischen Kenngrößen dem Namen nach erwähnt werden (siehe auch Einführung bei A V 1).

Die externen Speicher dienen zur
— **Speicherung großer Datenbestände** (Personaldatei, Kundendatei, Kontobestände, Materialbestände usw.),
— **Zwischenspeicherung von Ein- und Ausgabedaten,** für die der interne Speicher nicht ausreicht (zum Zeitpunkt der aktuellen Verarbeitung müssen die Daten allerdings in der Zentraleinheit sein),
— **Speicherung von Programmen,** die zum aktuellen Zeitpunkt wohl nicht bearbeitet, aber doch so häufig benötigt werden oder so groß sind, daß man sie nicht jedesmal bei Bedarf über langsame und platzaufwendige Datenträger wie Lochkarte oder Lochstreifen einlesen will, sowie zur
— **Zwischenspeicherung von Programmteilen** (Unterprogramme, Programmsegmente), die im aktuellen Programmlauf nicht laufend benötigt werden und nur bei Bedarf in die Zentraleinheit übernommen werden.

Zwischen den für die kommerzielle Datenverarbeitung wichtigsten externen Speichern ist die Zugriffsart das entscheidende Unterscheidungskriterium. Das Magnetband ist der typische Vertreter für den Reihenfolgezugriff. Wird hier von der seriellen Bearbeitung abgewichen, so muß unter Umständen das Band von einem Ende zum anderen umgespult werden, was Minuten dauern kann. Die Magnetplatte ist der typische Vertreter für den direkten Zugriff. Egal, wo sich die Daten befinden, es muß maximal die Positionierungszeit von ganz außen nach ganz innen oder umgekehrt und die Drehwartezeit für eine ganze Umdrehung der Platte abgewartet werden. Dies geschieht in der Größenordnung von hundertstel Sekunden.

Mit der Tatsache, daß bei den externen Speichern zum Zugriff immer mechanische Teile bewegt werden müssen, beim internen Speicher der Zugriff dagegen rein elektronisch erfolgt, ist zu erklären, daß die Zugriffszeiten externer Speicher so wesentlich größer sind als bei den internen Speichern.

Folgende Tabelle gibt einen Überblick über die wichtigsten Kenngrößen der verschiedenen externen Massenspeicher, wobei die Zahlenwerte nur als Größenordnungen zum Vergleich innerhalb der einzelnen Speichermedien angesehen werden sollen, da hier eine laufende Weiterentwicklung stattfindet:

| Speicher | Kapazität in Zeichen | Zugriffszeit | Zugriffsart |
|---|---|---|---|
| Magnetband | 5 —20 Millionen | 10—250 s | seriell |
| Magnetband-kassette | 0,1—2,5 Millionen | 15— 90 s | seriell |
| Magnetplatte | 2 —300 Millionen | 30— 90 ms | direkt |
| Diskette | 200 000—1 Million | 0,05—1,5 s | direkt |
| Magnettrommel | 100 000—100 Mill. | 1—20 ms | direkt |
| Magnetkarte, Magnetstreifen | 400—500 Millionen | 0,3 —0,5 s | direkt |

Auf Grund des magnetischen Speicherprinzips sind alle diese Speicher permanente Speicher.

**Fragen:**

46. Welches sind die Kriterien zur Beurteilung und Unterscheidung von Speichern?

47. Welche Zugriffsarten werden bei der Datenspeicherung unterschieden?

48. Worin unterscheiden sich interne und externe Speicher in erster Linie?

49. Mit welcher Einheit wird üblicherweise die Speicherkapazität angegeben?

50. Welche verschiedenen Speicherarten unterscheidet man in der EDV?

51. Wozu dienen externe Speicher?

52. Welche spezielle externe Speicher werden in der kommerziellen Datenverarbeitung besonders verwendet?

# VII. Programmiersprachen

**Lernziel:**

> Sie sollen die grundsätzlichen Arten von Programmiersprachen sowie die in der Praxis für die Erstellung von Anwendungsprogrammen wichtigsten Programmiersprachen kennenlernen.

Ein **Programm** ist eine Arbeitsvorschrift zur Steuerung der Hardware. Eine sogenannte **Anweisung** (Befehl, Statement) veranlaßt über das Steuerwerk der Zentraleinheit eine für die jeweilige Anweisung spezifische Operation des Computers.

*Ein Programm besteht aus einer geordneten Folge von Anweisungen.*

Über verschiedene Arten von Anweisungen und die Reihenfolge der Anweisungen lassen sich die einzelnen zur Lösung einer bestimmten Aufgabe notwendigen Arbeitsschritte „vorprogrammieren". Bei der Ausführung des Programms werden dann nach Maßgabe der Anweisungen und deren Reihenfolge Schritt für Schritt die jeweiligen Operationen des Computers abgewickelt.

*Ein Programm sorgt für die Eingabe, Verarbeitung und Ausgabe der Daten.*

Zur Erstellung dieser computerverständlichen Arbeitsvorschriften gibt es verschiedene **Programmiersprachen.**

*Als Programmiersprache wird die Gesamtheit aller Anweisungsarten und Vorschriften verstanden, mit denen man einem Computer befehlen kann, eine Aufgabe zu lösen.*

## 1. Einteilung der Programmiersprachen

Jeder Computer hat einen sogenannten internen Code oder Maschinencode, der ganz auf die technischen Komponenten der Anlage abgestimmt ist. Werden die Anweisungen eines Programms im Maschinencode geschrieben, so bedient man sich der **Maschinensprache.** Die mit der Maschinensprache erstellten Anweisungen sind als sogenannte Binärfolgen (OLOOOLLL ist z. B. die Binärfolge für MVC, LLLLLOLO die für AP, siehe unten) aufgebaut und werden vom Computer unmittelbar verstanden. Die Maschinensprache erfordert eine genaue — auch technische — Kenntnis der jeweiligen DVA. Sie ist sehr umständlich und unübersichtlich und wird allenfalls noch bei den Computer-Herstellerfirmen angewandt.

Die **maschinennahen Sprachen** — sie werden auch als maschinenorientierte Symbolsprachen bezeichnet — orientieren sich ebenfalls an der technischen Struktur des Computers, verwenden aber statt der Binärfolgen symbolische

Begriffe, sogenannte mnemotechnische Ausdrücke[1]), für die Anweisungen. Solche Ausdrücke können z. B. sein: MVC für move characters (übertrage Zeichen); AP für add packed decimal (Addition von gepackten Dezimalzahlen) usw. Weiterhin existieren für die maschinennahen Sprachen sogenannte Makro-Befehle, die stellvertretend für eine ganze Folge von einzelnen Befehlen stehen. Vor Ausführung des Programms wird das in der maschinennahen Sprache verfaßte Q u e l l p r o g r a m m durch ein Ü b e r s e t z u n g s p r o g r a m m, das von der Herstellerfirma mitgeliefert wird, in das O b j e k t p r o g r a m m übersetzt. Das Objektprogramm ist in der Maschinensprache abgefaßt und kann vom Computer ausgeführt werden.

Sowohl die mnemotechnischen Ausdrücke als auch die Makros erleichtern das Programmieren gegenüber der Maschinensprache. Trotzdem sind Kenntnisse der Anlage erforderlich. Bekannt ist die maschinennahe Sprache unter dem Begriff **Assembler.** Das Übersetzungsprogramm wird Assemblierer genannt. Die Assembler-Sprache ist aber keine einheitliche Sprache. Assembler-Anweisungen haben die gleiche oder ähnliche Struktur wie die Anweisungen in der Maschinensprache, so daß diese Sprache von Anlage zu Anlage verschieden ist.

Maschinensprachen und maschinennahe Sprachen werden unter dem Begriff der **maschinenorientierten Sprachen** zusammengefaßt.

*Maschinenorientierte Sprachen sind anlagenbezogen; sie sind der technischen Konzeption der jeweiligen DVA angepaßt.*

Als Gegensatz zu den maschinenorientierten Sprachen gibt es die große Gruppe der **problemorientierten Sprachen.** Problemorientierte Sprachen sind nicht auf die Anlagen bestimmter Hersteller, sondern auf die Lösung von Aufgabenstellungen in den verschiedenen Fachgebieten zugeschnitten.

*Problemorientierte Sprachen sind anlagenunabhängig; sie sind auf die zu lösenden Probleme ausgerichtet.*

Man nennt sie auch **höhere Programmiersprachen,** da sie zum einen stets Makrosprachen sind, d. h. ihre Anweisungen immer eine Reihe von Einzeloperationen auslösen und zum anderen der Sprachaufbau wegen der Anpassung an die mathematische Formelsprache und an Ausdrücke der menschlichen Umgangssprache gut verständlich ist.

Jede in einer problemorientierten Sprache formulierte Anweisung muß vor ihrer Ausführung im Computer vom Computer in die Maschinensprache übersetzt werden. Die dazu notwendigen Übersetzungsprogramme werden von den Herstellern mitgeliefert. Wird das in der problemorientierten Sprache geschriebene Programm — das Quellprogramm — in einem gesonderten Übersetzungslauf insgesamt in das Objektprogramm übersetzt, ohne daß dabei eine Anweisung zur Ausführung kommt, so bezeichnet man das Übersetzungsprogramm als

---

1) Mnemotechnik ist die Kunst, das Einprägen von Gedächtnisstoff durch besondere Lernhilfen zu erleichtern.

**Compiler.** Die Ausführung des Programms kann erst nach vollständiger Übersetzung erfolgen. Das Objektprogramm liegt hier explizit vor und kann als solches abgespeichert werden. Wird hingegen jede Anweisung der problemorientierten Sprache nach ihrer Übersetzung sofort ausgeführt, so bezeichnet man das Übersetzungsprogramm als **Interpreter.** Ein gesonderter Übersetzungsund anschließender Ausführungslauf findet hier nicht statt. Übersetzung und Ausführung gehen überlappt vor sich. Ein Objektprogramm liegt nie vor.

Programme in problemorientierten Sprachen sind allgemeingültig und lassen sich bei praktisch allen Herstellern und allen Anlagentypen einsetzen. Die Verwendbarkeit einer problemorientierten Sprache hängt von der Existenz eines Übersetzungsprogramms ab, das natürlich von Hersteller zu Hersteller und von Anlagentyp zu Anlagentyp verschieden, aber schließlich auch vom Hersteller des Anlagentyps zu liefern ist.

Eine weitere Unterteilung der problemorientierten Sprachen erfolgt in die Gruppe der problemorientierten Universalsprachen und die Gruppe der problemorientierten Spezialsprachen.

Unter die **problemorientierten Universalsprachen** fallen bekannte Sprachen wie FORTRAN, BASIC, COBOL, RPG, PL/1 usw. Die in diese Gruppe fallenden Sprachen sind trotz ihrer Ausrichtung auf die Programmierung von Problemen innerhalb eines bestimmten Fachgebiets universell auf unterschiedliche Problemkreise anzuwenden. Im nächsten Abschnitt wird etwas näher auf einige dieser Sprachen eingegangen.

Bei den **problemorientierten Spezialsprachen** ist eine Spezialisierung auf ganz spezifische Problemkreise vorhanden. Die Erkenntnis, daß die Universalsprachen nicht für alle Problemkreise gleich gute Einsatzmöglichkeiten bieten, führte zur Entwicklung dieser Spezialsprachen, welche nach Dworatschek (Dworatschek, Grundlagen der Datenverarbeitung) in v i e r  K l a s s e n eingeteilt werden können:
— Datenbanksprachen,
— Dialogsprachen,
— Simulationssprachen,
— Produktionsprozeßsprachen.

Ohne im weiteren auf diese Spezialsprachen einzugehen, sollen zumindest vom Namen her einige von ihnen genannt werden. GOLEM ist eine Datenbanksprache, kann aber auch in die Gruppe der Dialogsprachen eingeordnet werden. CALL ist eine typische Dialogsprache; sie wird für Teilnehmersysteme eingesetzt. Als Produktionsprozeßsprachen sind EXAPT und PEARL bekannt. DYNAMO ist die Simulationssprache, die vom Club of Rome für die Hochrechnung seines Weltmodells verwendet wurde.

Abb. 21 zeigt ein graphische Übersicht über die Einteilung der Programmiersprachen.

Neben der Verwendbarkeit der Programme auf verschiedenen Anlagen ist ein großer V o r t e i l der problemorientierten Sprachen, daß das Programmieren

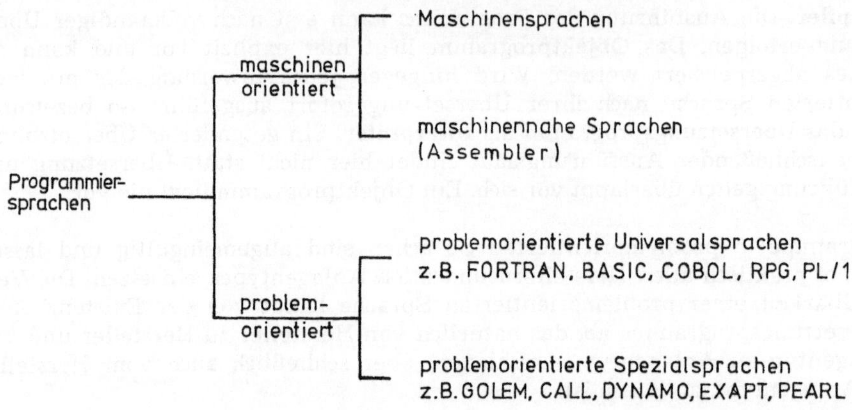


*Abb. 21: Einteilung der Programmiersprachen*

erheblich einfacher und schneller geht. Es ist außerdem leichter zu erlernen und steht damit einem größeren Personenkreis offen. N a c h t e i l i g dagegen ist, daß sich die Möglichkeiten einer Datenverarbeitungsanlage nicht so gut ausnutzen lassen wie bei den maschinenorientierten Sprachen. In problemorientierten Sprachen geschriebene Programme benötigen in der Regel mehr Speicherplatz und mehr Zeit zur Ausführung als in maschinenorientierten Sprachen geschriebene vergleichbare Programme. Grundsätzlich sind jedoch problemorientierte Sprachen den maschinenorientierten Sprachen vorzuziehen, wobei sich jeder Anwender aus der Vielfalt der vorhandenen problemorientierten Sprachen — es sind etwa 20 bedeutende — auf einige wenige — möglichst sogar nur eine — beschränken sollte. Es ist nicht sinnvoll, für unterschiedliche Probleme jeweils unterschiedliche Sprachen zu wählen. Der problemspezifische Aspekt soll hier zugunsten einer einheitlichen Sprache hintenangestellt werden.

## 2. Einige bedeutende problemorientierte Universalsprachen

Bei der nachfolgenden kurzen Beschreibung von Anwendungsschwerpunkten und Besonderheiten einiger problemorientierter Universalsprachen stellt die Reihenfolge keinen Maßstab der Bedeutung dieser Sprachen dar.

### a) FORTRAN

FORTRAN (= **FOR**mula **TRAN**slation) baut auf der mathematischen Formelsprache auf. Sie wurde im Jahre 1954 als eine der ersten Sprachen für den Einsatz im technisch-wissenschaftlichen Bereich entwickelt, läßt sich aber zwischenzeitlich über sogenannte „commercial packages" auch für kommerzielle Probleme einsetzen. Die Übersetzung eines FORTRAN-Programmes geschieht durch einen Compiler.

## b) BASIC

BASIC (**B**eginner's **A**ll-purpose **S**ymbolic **I**nstruction **C**ode) ist eine in den Jahren nach 1962 entwickelte einfache Sprache für den technisch-wissenschaftlichen und den kommerziellen Bereich. Sie ähnelt FORTRAN, war zunächst für den technisch-wissenschaftlichen Bereich konzipiert, wurde dann aber durch Erweiterung zum sogenannten C-BASIC auch für die Bearbeitung kommerzieller Aufgaben interessant. Programmanweisungen sind in BASIC sehr einfach zu formulieren. BASIC ist eine Dialogsprache. Jede Anweisung wird nach ihrer Formulierung direkt über Bildschirm in die Zentraleinheit eingegeben, übersetzt und auf Richtigkeit geprüft. Eine fehlerhafte Anweisung wird durch eine Fehlermeldung auf dem Bildschirm quittiert und kann sofort korrigiert werden. Das Übersetzungsprogramm ist somit als Interpreter aufgebaut. Zusätzlich werden teilweise auch Compiler verwendet; dann besteht keine Dialogmöglichkeit.

## c) COBOL

COBOL (**CO**mmon **B**usiness **O**riented **L**anguage) wurde 1960 speziell für kommerzielle Anwendungsbereiche geschaffen. Diese bekannteste kaufmännisch orientierte Sprache besitzt vor allem Elemente für die Behandlung großer Datenmengen. COBOL arbeitet mit vielen aber einprägsamen Wortsymbolen und ist relativ speicheraufwendig. COBOL-Programme sind immer in v i e r T e i l e gegliedert:

① Erkennungsteil. Der Programmname und andere Kenndaten werden angegeben.
② Maschinenteil. Die vom Programm benötigte Hardware (Zentraleinheit und Peripherie) und deren Zusammenarbeit wird festgelegt.
③ Datenteil. Der Aufbau der verwendeten Dateien und deren Speicherbereiche werden beschrieben.
④ Ablaufteil. Es ist der Hauptprogrammteil. Er enthält die Anweisungen zur Verarbeitung der Daten.

Ein-/ausgabeintensive kommerzielle Programme sind besonders für COBOL geeignet. COBOL-Programme werden durch einen Compiler übersetzt.

## d) RPG

RPG (**R**eport **P**rogram **G**enerator = Listenprogramm-Generator) ist speziell für kommerzielle Probleme geeignet. Das Programmieren beschränkt sich hier auf eine tabellenförmige Problembeschreibung, indem durch Ausfüllen von Eingabe-, Rechen- und Ausgabeformularen die Eingabe-, Rechen- und Ausgabebestimmungen definiert werden. Aus den Angaben der „Fragebögen" erstellt dann das Übersetzungsprogramm (der „Listenprogramm-Generator") das ablauffähige Maschinenprogramm.

## e) PL-1

PL-1 (**P**rogram **L**anguage **1**) wurde 1965 entwickelt und ist gleichermaßen für den technisch-wissenschaftlichen wie auch den kaufmännisch-wirtschaftlichen

Bereich geeignet. Die Sprache vereinigt in sich Elemente der Sprachen FORTRAN und COBOL, bietet ein weites Anwendungsfeld und ist leicht erlernbar. Die Übersetzung in das Maschinenprogramm erfolgt durch einen Compiler.

Insgesamt existieren etwa 20 Programmiersprachen mit einer gewissen Bedeutung. Diese „Sprachverwirrung" ist für den Anwender nicht immer von Vorteil. Neue Sprachen wurden (z. B. APL = **A** **P**rogram Language, 1967) und werden entwickelt. Der Trend wird dabei in Richtung universeller und einfacher Anwendung sowie vielleicht der Konzentration auf einige wenige leistungsfähige Sprachen gehen.

**Fragen:**

53. Was ist ein Computerprogramm, woraus besteht ein solches Programm, und was ist die Aufgabe eines Programmes?

54. Was sind maschinenorientierte Programmiersprachen?

55. Wodurch zeichnen sich problemorientierte Programmiersprachen aus? Wie werden sie weiter unterteilt?

56. Welche Nachteile haben problemorientierte Sprachen?

57. Was versteht man unter den Begriffen „Quellprogramm" und „Objektprogramm"?

58. Welche der bedeutenden problemorientierten Universalsprachen sind typische kommerzielle Sprachen und welche sind universell einsetzbar?

59. Was ist der Unterschied zwischen einem Compiler und einem Interpreter?

# B. Systemgedanke

Der Begriff „System" wird in der ADV sehr häufig und sehr vielfältig verwendet. Es wird vom Systemanalytiker, von Betriebssystemen, vom Time-Sharing-System, von Systemfamilien usw. gesprochen. Wohl von unterschiedlichen Zielvorstellungen ausgehend, handelt es sich dabei um das Zusammenwirken und — wie schon der Name System sagt — um eine sinnvoll gegliederte Anordnung mehrerer und von Systembegriff zu Systembegriff unterschiedlicher Komponenten. Ziel dieses Kapitels ist, den Systembegriff in seinen verschiedenen EDV-spezifischen Erscheinungsformen zu durchleuchten.

## I. Datenverarbeitungssystem

**Lernziel:**

> Sie sollen erfahren, daß in der ADV zu einem funktionsfähigen Ganzen verschiedene aufeinander abgestimmte Bestandteile notwendig sind.

Eine DVA besteht zwar aus verschiedenen Geräten, doch muß sie, um nicht nur funktionsfähig zu sein, sondern auch wirtschaftlich arbeiten zu können, beim Benutzer in ein System eingegliedert werden. Verschiedene Bestandteile müssen vorhanden und aufeinander abgestimmt sein. Dazu gehört die H a r d w a r e mit Zentraleinheit, Peripherie und evtl. weiteren Zusatzgeräten (z. B. Kartenlocher, Maschine mit OCR-A-Schrift), ohne die kein Programm ausgeführt werden kann. Dazu gehört weiterhin die S o f t w a r e in ihrer Gesamtheit, weil zum einen ohne Programme kein Computer arbeitet und zum anderen nur durch eine gewisse Vielfalt von Programmen — Anwender- und Systemprogramme — die Möglichkeiten der Hardware ausgenützt werden können. Letztlich gehört aber noch eine O r g a n i s a t i o n dazu, die die notwendige Verbindung von Hard- und Software zu einem funktionsfähigen und wirtschaftlich arbeitenden Ganzen, zu einem System, bewirkt. Dies ist einerseits die Orgware (siehe A II 2) als das „EDV-bezogene Organisationswissen", aber darüber hinausgehend sind es sämtliche Notwendigkeiten, die die EDV allgemein und das Rechenzentrum speziell reibungslos in den gesamten Organisationsablauf einfügen. Dazu gehört z. B. die Eingliederung des Rechenzentrums in den Organisationsplan oder die Berücksichtigung der Tatsache, daß Aufgaben, die bisher vom Rechnungswesen allein abgewickelt wurden, nun vom Rechenzentrum bearbeitet werden. Dazu gehört aber auch z. B. die Festlegung, wie Rechnungsformulare aufgebaut sind, welche Daten sie wo enthalten, ob die vom Computer erstellten Rechnungen noch nachgeprüft werden und wie die Rechnungen auf die Post gelangen.

*Ein Datenverarbeitungssystem (DVS) ist die Synthese aus Hardware, Software und Organisation.*

Schematisch ist dies in Abb. 22 dargestellt. Durch diesen Systembegriff wird sowohl die Anwendung der EDV als auch die Problematik ihres Einsatzes mit

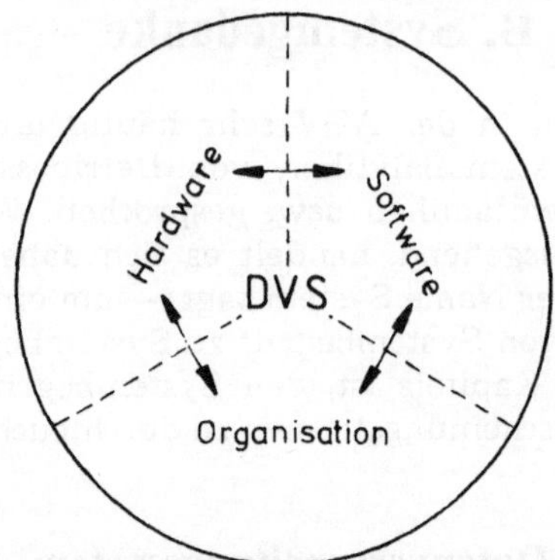


*Abb. 22: Datenverarbeitungssystem*

der Mensch-Maschine-Wechselwirkung betont. Um die EDV als Hilfsmittel zur Lösung fachspezifischer Probleme einsetzen zu können, braucht der Anwender ein DVS. Die drei Bestandteile des DVS müssen aufeinander abgestimmt sein. Hard- und Software werden die Organisation beeinflussen. Genauso wird sich die Software nach der vorhandenen Hardware und einer bestehenden Organisation richten. Aber auch ein Ausrichten der Hardware an einer bestehenden Organisation und an verfügbaren Standardprogrammen ist denkbar. Es besteht eine wechselseitige Beeinflussung. Nur die Verbindung der drei Bestandteile zu einer Einheit ermöglicht einen zufriedenstellenden Einsatz der EDV.

Eine vom jeweiligen Betrieb losgelöste allgemeingültige Lösung gibt es nicht. Sie muß individuell von Fall zu Fall geschaffen werden. Besonders zu beachten ist dabei die durch die EDV bewirkte starke Arbeitsteilung und die Tatsache, daß im gesamten Arbeitsprozeß, in den die EDV eingegliedert ist, einerseits EDV-Spezialisten mit evtl. wenig kaufmännischen Fachkenntnissen und andererseits Fachkräfte mit evtl. wenig EDV-Kenntnissen zusammenarbeiten müssen, was zu gegenseitigen Verständnisschwierigkeiten führen kann.

**Fragen:**

60. Was drückt der Begriff DVS aus?

61. Warum braucht man für die ADV ein DVS?

## II. Betriebssysteme

**Lernziel:**

Sie sollen die Aufgaben, die Bestandteile und verschiedene Ausführungsarten des Betriebssystems kennenlernen.

Wie schon unter A II 2 erwähnt wurde, ist für den Betrieb einer Datenverarbeitungsanlage ein Betriebssystem notwendig. Es ergänzt die technische Struktur einer DVA, gestattet erst die Ausnutzung aller Möglichkeiten einer DVA und vereinfacht bzw. unterstützt die Arbeit mit dem Computer. Jedes Betriebssystem besteht aus einer Reihe von Systemprogrammen, die in ihrer Funktion aufeinander abgestimmt sind. Sie werden aufgeteilt in Steuerprogramme und Arbeitsprogramme (siehe Abb. 1 und Abb. 23).

Die **Steuerprogramme,** die in ihrer Summe den O r g a n i s a t i o n s t e i l des Betriebssystems darstellen, sind für die Steuerung der Zentraleinheit und sämtlicher angeschlossener Peripheriegeräte nach Maßgabe des jeweiligen Anwenderprogrammes verantwortlich.

*Steuerprogramme übernehmen die auf Grund der Anwenderprogramme notwendige Steuerung der Hardware.*

Der Organisationsteil als die Gesamtheit der Steuerprogramme gliedert sich in den A b l a u f t e i l, den E i n - / A u s g a b e t e i l und den M o n i t o r.

Der Ablaufteil — auch Supervisor genannt — sorgt für den richtigen Ablauf von Programmen. Zu den wesentlichsten F u n k t i o n e n  d e s  A b l a u f t e i l s gehören:
— die Zuteilung von Speicherplatz und Peripheriegeräten zu einem Programm;
— die Behandlung von Bedienereingriffen;
— die Fehlerbehandlung;
— die Behandlung von Programmunterbrechungen;
— die Vorrangsteuerung, d. h. die Beachtung von Prioritäten, wenn mehrere Ereignisse, die sich gleichzeitig auf einen nur einmal vorhandenen Anlagenteil beziehen, hintereinander abgearbeitet werden müssen;
— die Steuerung von Programmen bei der Multiprogrammverarbeitung (siehe auch B III).

Der  E i n - / A u s g a b e t e i l  dient zur Steuerung der Ein-/Ausgabe-Operationen. Dazu gehört z. B. die Arbeit mit Dateien (Bilden und Kennzeichnen von Dateien; Zugriff auf einzelne Blöcke innerhalb einer Datei; Sicherung von Dateien vor unbeabsichtigtem Löschen usw.), die Überwachung der Übertragung von Daten oder die Umschlüsselung von den bei den verschiedenen Geräten verschiedenartig codierten Daten.

Der  M o n i t o r  steuert einen aufeinanderfolgenden Ablauf mehrerer Programme selbständig, so daß dazwischen keine manuellen Eingriffe oder Bedienungsmaßnahmen erforderlich sind. Besondere Bedeutung erhält der Monitor, wenn — was häufig der Fall ist — Systemprogramme nur mit der Steuerung eines Monitorprogrammes ablaufen.

Die **Arbeitsprogramme,** die in ihrer Summe den U n t e r s t ü t z u n g s t e i l des Betriebssystems darstellen, unterstützen die Arbeit mit der DVA und ermöglichen die Lösung vieler Aufgaben mit stark reduziertem Eigen-Programmieraufwand.

*Durch die Arbeitsprogramme wird dem Anwender die Benutzung des Computers erleichtert.*

Der Unterstützungsteil als die Gesamtheit der Arbeitsprogramme gliedert sich in Übersetzungsprogramme, Dienstprogramme und Testhilfen.

Ein Übersetzungsprogramm erzeugt aus einem in einer problemorientierten Sprache (z. B. COBOL) oder in Assembler geschriebenem Quellprogramm, das vom Computer unmittelbar ausführbare entsprechende Objektprogramm (siehe A VII 1). Eine Datenverarbeitungsanlage braucht für jede problemorientierte Programmiersprache ein eigenes Übersetzungsprogramm. Die Verwendbarkeit von Programmiersprachen bei einem Computer hängt also von dem Vorhandensein entsprechender Übersetzungsprogramme innerhalb des Betriebssystems ab.

Durch Dienstprogramme werden die beim üblichen Computereinsatz häufig erforderlichen gleichartigen Arbeiten durchgeführt. Zu den wichtigsten Dienstprogrammen gehören:
— Umsetzungsprogramme, die Daten ohne jegliche Verarbeitung von einem Datenträger auf einen anderen bringen (z. B. von Lochkarte auf Magnetband oder von Magnetplatte zur Ausgabe auf Drucker);
— Mischprogramme, die mehrere Dateien zu einer zusammenführen;
— Sortierprogramme;
— Bibliotheksverwaltungsprogramme, die zum Neuaufnehmen, Löschen und Ändern von Programmen in den auf externen Speichern vorhandenen Programmbibliotheken dienen;
— Programme zum Löschen der internen Speicher.

Mit Testhilfen bezeichnet man Programme, die Hilfestellung bei der Suche nach Programmfehlern geben. Dadurch, daß z. B. Speicherinhalte zum Zwecke der Fehlerkontrolle ausgedruckt oder daß z. B. Protokolle über den Ablauf eines Programmes erstellt werden, reduziert sich die für Fehlersuche benötigte Rechenzeit und wird dem Programmierer die Suche nach der Ursache eines Fehlers erleichtert.

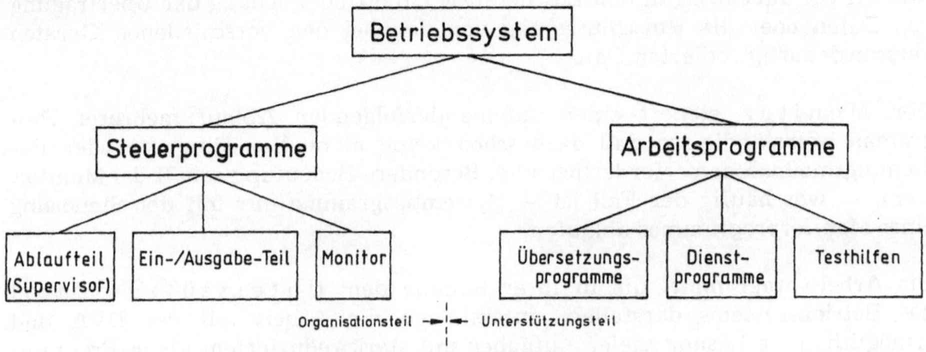


*Abb. 23: Bestandteile eines Betriebssystems*

Eine Übersicht über die Aufteilung eines Betriebssystems in die verschiedenen Funktionsteile gibt Abb. 23.

Einige Bestandteile des Betriebssystems müssen ständig verfügbar sein und stehen deswegen im Hauptspeicher. Andere Teile, die weniger oft benötigt werden, befinden sich auf einem als S y s t e m - R e s i d e n z bezeichneten externen Speicher der Datenverarbeitungsanlage. Je nachdem, ob es sich dabei um eine Magnetplatte oder um ein Magnetband handelt, spricht man auch von einem P l a t t e n - B e t r i e b s s y s t e m oder von einem B a n d - B e t r i e b s - s y s t e m.

Diese Angabe sagt nichts über den Komfort und die Leistungsfähigkeit eines Betriebssystems aus, sondern bezeichnet lediglich die System-Residenz und gibt damit an, auf welchem externen Speicher die Systemprogramme gespeichert sind bzw. welchen sie zu ihrer Ausführung benötigen. Die Verwendung weiterer und andersartiger externer Speicher zusätzlich zur System-Residenz ist nicht eingeschränkt.

Mit G r u n d b e t r i e b s s y s t e m existiert ein weiterer Begriff, der eine einfache aber voll arbeitsfähige Ausbaustufe eines Betriebssystems kennzeichnet, wie sie meist für kleinere Anlagenausstattungen vorgesehen ist.

Wie auch die Ausführungen des vorigen Absatzes zeigen, ist es nicht so, daß für jede Datenverarbeitungsanlage nur ein bestimmtes Betriebssystem in Frage kommt. Abhängig von dem Einsatzgebiet, dem Nutzungsgrad, der Geräteausstattung, der Betriebsart (siehe B III) und den verwendeten Programmiersprachen eines Datenverarbeitungssystems können für dasselbe Anlagenmodell verschiedene Zusammenstellungen von Systemprogrammen sinnvoll sein und deswegen verschiedene Betriebssysteme verwendet werden. Diese unterscheiden sich durch den ständig im Hauptspeicher benötigten Speicherplatz, durch die System-Residenz sowie durch Bedienungskomfort und Leistungsfähigkeit. Für jedes DVS ist aus der Fülle der vom Hersteller angebotenen Systemprogramme das unter anwendungsspezifischen Gesichtspunkten optimale Betriebssystem auszuwählen.

**Fragen:**

62. Welches sind die Bestandteile eines Betriebssystems?

63. Was bedeutet Systemresidenz?

64. Was ist die Aufgabe der sogenannten Arbeitsprogramme?

65. Gibt es für jede DVA grundsätzlich nur ein bestimmtes Betriebssystem?

# III. Betriebsarten

**Lernziel:**

Sie sollen die verschiedenen Arten, wie ein Computer betrieben werden kann, von der Funktionsweise und vom Namen her kennenlernen.

*Als Betriebsart soll die Art und Weise bezeichnet werden, nach der ein Computer die Daten des Anwenders bearbeitet.*

Bei dem Versuch, die im Laufe der Entwicklung der Automatisierten Datenverarbeitung entstandenen verschiedenen Betriebsarten zu klassifizieren, erhält man **drei** schwerpunktmäßige **Gruppen:**
— Betriebsarten, die den Zeitraum zwischen der Entstehung der Daten und der Bereitschaft zur Verarbeitung dieser Daten im Computer zum Inhalt haben. Dazu gehören die **Stapelverarbeitung** und die **Echtzeitverarbeitung.**
— Betriebsarten, die sich auf die Art und Weise beziehen, wie die Daten eines oder mehrerer voneinander unabhängiger Anwender im Computer verarbeitet werden. Dazu gehören **Spool-Betrieb, Multiprogramming, Multiprocessing** und **Time-Sharing.**
— Betriebsarten, die eine Dezentralisierung der Datenverarbeitung zum Ausdruck bringen. Dazu gehören die **Datenfernverarbeitung** und das **Rechner-Verbundnetz.**

Eine beliebige Kombination der Betriebsarten aus den drei Gruppen ist grundsätzlich möglich (z. B. Stapelverarbeitung im Multiprogramm-Betrieb über Datenfernverarbeitung). Betriebsarten innerhalb einer Gruppe jedoch schließen sich teilweise gegenseitig aus (so z. B. Stapel- und Echtzeitverarbeitung). Bei allen Betriebsarten ist neben gewissen hardwaremäßigen Notwendigkeiten eine entsprechende Auslegung des Betriebssystems erforderlich.

## 1. Stapelverarbeitung

*Von der Stapelverarbeitung (englisch: batch processing) spricht man, wenn alle von einem Programm zu verarbeitenden Daten zunächst gesammelt und dann quasi als Stapel zu einem bestimmten Zeitpunkt in einem Schub verarbeitet werden.*

Die Belastungen und Gutschriften bei einem Kontokorrentprogramm z. B. werden über einen gewissen Zeitraum hinweg gesammelt und dann alle auf einmal verarbeitet. Wenn gleichzeitig mehrere Aufgaben (englisch: jobs) zur Verarbeitung anstehen, so kann man sich auch die einzelnen jobs als zu einem Stapel aufeinandergeschichtet vorstellen. Die jobs werden streng hintereinander in der Reihenfolge der Einordnung in den gesamten Stapel — und damit meistens in der Reihenfolge der zeitlichen Ankunft — einzeln abgearbeitet. Erst wenn ein

Programm vollständig abgearbeitet ist, steht der Computer dem nächsten job innerhalb des Stapels zur Verfügung. Alle vom gleichen Programm zu bearbeitenden Daten eines jobs werden ebenso wie mehrere hintereinander abzuarbeitende jobs als Stapel bezeichnet.

Die Stapelverarbeitung ist die traditionelle Art der Datenverarbeitung. Für kleinere Rechenzentren mit kommerziellen Aufgaben stellt sie die typische Betriebsart dar. Man kann sich dort z. B. vorstellen, daß jeder Benutzer seine Daten sammelt, auf Lochkarten stanzt und diese als Lochkartenstapel im Rechenzentrum abgibt, wo die einzelnen Aufgaben wiederum gestapelt und hintereinander abgearbeitet werden. Die Stapelverarbeitung wird dort angewendet, wo ein Programmlauf erst bei einer gewissen Menge von Daten (z. B. Geschäftsvorfälle wie Belastungen und Gutschriften) sinnvoll ist und wo sich die unter Umständen lange Wartezeit zwischen Entstehung und Auswertung der Daten nicht nachteilig auswirkt.

## 2. Echtzeitverarbeitung

*Die Echtzeitverarbeitung (englisch: realtime processing) stellt das Gegenteil der Stapelverarbeitung dar. Die Daten werden hier nicht zu einer größeren Menge gesammelt und schubweise nach Terminplan bearbeitet, sondern jedes Datum wird unmittelbar nach seinem Auftreten bearbeitet. Dabei muß die Bearbeitung in einer verhältnismäßig kurzen, von der Aufgabe bestimmten Zeit, der Antwortzeit, beendet sein.*

Echtzeitverarbeitung wird eingesetzt bei Systemen zur Prozeßsteuerung sowie z. B. zur Direktbuchung (bei Banken oder Verkehrsunternehmen), zur Lagerbestandsführung (Bibliotheken, Ersatzteillager) und bei pädagogischen Anwendungen (computerunterstützter Unterricht). Auskunftsysteme aller Art gehören zu den typischen Echtzeitaufgaben.

Ist in die Echtzeitverarbeitung der Mensch mit einbezogen, so spricht man vom **Dialogbetrieb** (Platzbuchungen, Kontodispositionen, Lagerhaltung usw.). Bei Prozeßsteuerungen (Kraftwerk, Raffinerie, Radaranlage) werden sehr hohe Anforderungen an die Antwortzeit gestellt im Gegensatz zum Dialogbetrieb, wo letztlich die Geduld des Menschen die oberste Grenze der Antwortzeit bestimmt.

An Datenverarbeitungsanlagen, die zur Echtzeitverarbeitung eingesetzt werden, müssen hohe Anforderungen hinsichtlich Zuverlässigkeit, Verarbeitungsgeschwindigkeit und Speicherkapazität gestellt werden. Oft werden besondere Maßnahmen getroffen, um bei Ausfällen die ausgefallenen Teile ohne Störungen durch Reserveteile ersetzen zu können. Dies geht hin bis zu einem Doppelanlagensystem, wo bei Ausfall der ersten DVA (Head-Anlage) eine zweite DVA (Stand-by-Anlage) reibungslos die Arbeit übernimmt.

Häufig wird die Echtzeitverarbeitung in Zusammenhang sowohl mit Multiprogramming-, Multiprocessing- oder Time-Sharing-Betrieb als auch mit Datenfernverarbeitung realisiert.

## 3. Spool-Betrieb

*Spool ist die Abkürzung für „simultaneous peripheral operations on line" und stellt sinngemäß ein „Programmsteuerungssystem für gleichzeitiges Arbeiten von Peripheriegeräten" dar.*

Mit dem Spool-Betrieb wird ein höherer Datendurchsatz durch gleichzeitiges Arbeiten von Zentraleinheit und peripheren Geräten erreicht. Zugrunde gelegt wird dabei der Geschwindigkeitsunterschied zwischen den Ein-/Ausgabegeräten einerseits und der Zentraleinheit bzw. den externen Speichern andererseits. Die Daten von vergleichsweise langsamen Eingabegeräten (z. B. Tastatur oder Lochkartenleser) werden auf einem externen Speicher — meistens Magnetplatte — zwischengespeichert. Parallel dazu kann die Zentraleinheit früher zwischengespeicherte Daten verarbeiten. Solange die Zentraleinheit also noch Daten verarbeitet, können schon wieder neue Daten über ein oder mehrere Eingabegeräte aufgenommen werden. Genauso werden die Ausgabedaten zunächst auf externem Speicher zwischengespeichert. Von dort erfolgt dann die relativ langsame Ausgabe auf z. B. Drucker, während dessen sich die Zentraleinheit schon wieder der Verarbeitung anderer Daten widmen kann. Unter dem Ausdruck „Spooling" wird das Umsetzen von Ein- bzw. Ausgabedaten vor bzw. nach der Verarbeitung auf einen externen Speicher verstanden.

Der Spool-Betrieb kann als Vorstufe des Multiprogramming bezeichnet werden.

## 4. Multiprogramming

*Wie beim Spool-Betrieb sollen auch beim Multiprogramming die unterschiedlichen Arbeitsgeschwindigkeiten zwischen Zentraleinheit und Peripherie besser ausgenutzt werden.*

*Während beim Spool-Betrieb die Zentraleinheit aber immer nur ein Programm und dieses dann vollständig bearbeitet, besteht beim Multiprogramming die Möglichkeit, mehrere voneinander unabhängige Programme zeitlich verzahnt laufen zu lassen.*

Durch diese verzahnte, zeitlich gegeneinander verschobene Verarbeitung entsteht der Eindruck, als ob mehrere Programme gleichzeitig bearbeitet würden.

Vom Betriebssystem her muß die Zuordnung der Zentraleinheit zu den gleichzeitig gespeicherten und quasi gleichzeitig abzulaufenden Programmen vorgenommen werden. Diese Zuordnung erfolgt meist nach Prioritäten. Ein Programm wird so lange von der Zentraleinheit bearbeitet, bis es entweder ein Ein-/Ausgabegerät benötigt oder ein Programm höherer Priorität die Zentraleinheit anfordert. Da jedes Programm Wartezeiten z. B. durch Ein-/Ausgabeoperationen hat, können diese Wartezeiten mit Verarbeitungszeiten eines oder mehrerer anderer Programme gefüllt werden. Besonders geeignet für Multiprogramming ist von dort her die Kombination eines rechenintensiven mit einem ein-/ausgabeintensiven Programm. Wartezeiten eines Programms auf einen bestimmten Anlageteil (z. B. Drucker) werden also durch andere Programme genutzt, die momentan andere Anlageteile (z. B. Rechenwerk und Magnetplatte) verwenden können. Auf diese Weise kommen auch Programme niederer Prioritäten zum Zuge.

Die Vergabe von Prioritäten nimmt bei modernen Anlagen das Betriebssystem selbständig vor. Auch ist es bei modernen Betriebssystemen nicht mehr erforderlich, daß alle im Multiprogramming laufenden Programme in den Hauptspeicher eingelesen werden müssen. Das Betriebssystem entwickelt dazu einen sogenannten v i r t u e l l e n  S p e i c h e r . Dies ist eine Abbildung eines theoretisch beliebig großen Hauptspeichers, die sich auf einem externen Speicher mit Direktzugriff befindet und alle Programme ablauffähig in der vom Hauptspeicher verlangten Form enthält. Der virtuelle Speicher ist in gleich große Teile — sogenannte Seiten — eingeteilt, die der Hauptspeicher jeweils dann übernimmt, wenn die darauf befindlichen Programmteile benötigt werden. Bei einem Betriebssystem mit virtueller Speichertechnik braucht auf die Länge eines Programms und die Anzahl der Programme beim Multiprogramming aus Gründen der Hauptspeicherkapazität keine Rücksicht genommen zu werden.

Durch Multiprogramming wird die Auslastung einer Datenverarbeitungsanlage verbessert und der Durchsatz von Programmen und Daten erhöht. Empfehlenswert ist eine große, vielfältige und leistungsfähige Peripherie, damit Ein-/Ausgabeoperationen — die meistens mehr Zeit als die eigentliche Bearbeitung in der Zentraleinheit benötigen — verschiedener Programme auch simultan ablaufen können.

## 5. Multiprocessing

*Vom Multiprocessing spricht man, wenn in einem Datenverarbeitungssystem zwei oder mehrere Zentraleinheiten oder auch nur zwei oder mehrere Steuer- und Rechenwerke zu einer Einheit zusammengeschlossen sind.*

Für den Fall des Zusammenschlusses mehrerer Steuer- und Rechenwerke arbeiten diese mit einem gemeinsamen Hauptspeicher. Meistens steuert eine der Zentraleinheiten (master) die Arbeit der anderen (slaves). Die Zusammenarbeit wird über das Betriebssystem geregelt. Beim Multiprocessing ist im Gegensatz zu der quasi simultanen Betriebsart des Multiprogramming und auch des Time-Sharing eine echte parallele Mehrprogrammabwicklung möglich.

Multiprocessing wird angewendet, wenn die Verarbeitungsprobleme einerseits so groß sind, daß die Leistungsfähigkeit einer Anlage überfordert ist und andererseits so ineinander verzahnt sind, daß sie auf zwei voneinander unabhängigen Anlagen nicht bearbeitet werden können. Außerdem kommt diese Betriebsart dort zum Einsatz, wo extrem große Zuverlässigkeitsanforderungen bestehen und ein Ausfallrisiko für eine Zentraleinheit nicht verantwortet werden kann (z. B. Prozeßsteuerung im Atomkraftwerk).

## 6. Time-Sharing

*Time-Sharing ist wie Multiprogramming eine Betriebsart zur quasi-gleichzeitigen Bearbeitung mehrerer unabhängiger Programme.*

*Während beim Multiprogramming die Zuteilung der Zentraleinheit durch Prioritäten erfolgt, geschieht dies beim Time-Sharing durch Zeitteilung.*

Diese Betriebsart wird auch mit „Teilnehmerbetrieb" bezeichnet, da mehrere unterschiedliche Benutzer gleichzeitig an der Computerverarbeitung teilnehmen können, wobei jeder Benutzer das Gefühl hat, die DVA arbeite nur für ihn. In Wirklichkeit steht aber die Zentraleinheit jedem Benutzer periodisch jeweils nur kurze Zeit zur Verfügung.

Ein bestimmter Grundzyklus der Dauer T wird in so viel Intervalle aufgeteilt (englisch: time-slicing) wie Benutzer vorhanden sind. Bei n Benutzern steht durch dieses „time-slicing" jedem Benutzer innerhalb jedes Zyklusses die Zentraleinheit einmal für die Dauer eines Zeitsegments von $t = T/n$ zur Verfügung. Schematisch wird diese durch Segmentierung erfolgte Aufteilung der Gesamtleistungsfähigkeit auf viele Teilnehmer in Abb. 24 gezeigt.

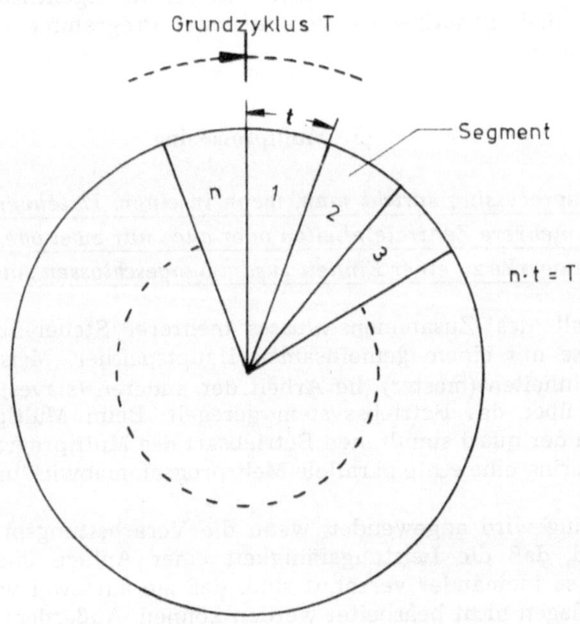



*Abb. 24: Zeitsegmente bei Time-Sharing*

Die Zeitsegmente liegen zwischen 0,1 und 1 Sekunde. Wenn das einem Programm A zur Verfügung gestellte Zeitsegment 1 abgelaufen ist, wird dieses Programm unterbrochen und die Zentraleinheit versorgt die den anderen Segmenten zugeordneten Benutzer, bis nach vollem Umlauf eines Gesamtzyklusses das Programm A wieder für die Dauer t des Segments 1 zur Weiterverarbeitung ansteht.

Große Anforderungen werden beim Time-Sharing an das Betriebssystem gestellt. Notwendig sind weiterhin hohe interne Verarbeitungsgeschwindigkeiten und eine große Speicherkapazität, die über virtuelle Speichertechnik gelöst wird. Zu beachten ist auch der Schutz der Daten und Programme gegen unbefugtes Benutzen.

Time-Sharing ist häufig verbunden mit Echtzeit- und Datenfernverarbeitung (z. B. bei Platzbuchungssystemen von Luftverkehrsgesellschaften).

## 7. Datenfernverarbeitung

*Bei der Datenfernverarbeitung befinden sich die Datenverarbeitungsanlage einerseits und die Eingabe- bzw. Ausgabegeräte — die Daten-Endstation — andererseits an geographisch verschiedenen Orten. Die Verbindung zwischen ihnen wird durch Datenübertragungsleitungen hergestellt.*

Dazu wird häufig das Fernsprechnetz der Bundespost verwendet, wobei dann zwischen die Geräte zur Datenverarbeitung und den Fernsprechleitungen jeweils ein sogenanntes Modem (siehe auch A II 3) zwischengeschaltet werden muß. Die Daten-Endstation bezeichnet man als **Terminal.**

Arbeiten (jobs) werden über Datenferneingabe (Remote-Job-Entry) durch Datenfernübertragung vom Terminal an den Computer übergeben, dort bearbeitet und danach zur Ausgabe der Ergebnisse an das Terminal zurückübertragen. Die Eingabe der zu bearbeitenden Daten und evtl. auch der dazu notwendigen Programme und die Ausgabe der Ergebnisse erfolgen also am Terminal und damit am Ort des Entstehens der zu lösenden Probleme. Der die Verarbeitung durchführende Computer kann praktisch beliebig weit entfernt sein.

Man unterscheidet **zwei Formen** der Datenfernverarbeitung:
— **Datenfernverarbeitung gekoppelt mit Stapelverarbeitung.** Das Terminal wird hierbei als „Remote-Batch-Terminal" bezeichnet. Die Verarbeitung der an die Datenverarbeitungsanlage übermittelten Daten erfolgt erst, wenn die Eingabe aller von dem Programm bis zu einem bestimmten Zeitpunkt zu verarbeitenden Daten abgeschlossen ist. Entsprechend werden die Ergebnisse erst dann an das Terminal zurückübertragen, wenn alle Daten des Stapels verarbeitet sind.
— **Datenfernverarbeitung gekoppelt mit Echtzeitverarbeitung.** Unter Verwendung von Time-Sharing werden die vom Terminal an die DVA übertragenen Daten sofort verarbeitet und das Ergebnis wird unmittelbar an das Terminal zurückübertragen. Zwischen Terminal und DVA findet Dialogbetrieb statt.

Beispiele für Echtzeit-Datenfernverarbeitung sind Direktbuchungssysteme bei Banken, Platzbuchungssysteme bei Verkehrsgesellschaften sowie alle Auskunftssysteme.

## 8. Rechner-Verbundnetz

*Die Rechner-Verbund-Idee entspricht dem Trend zu dezentralisierten Organisationslösungen.*

*Unter Verbund versteht man hier die Zusammenarbeit mehrerer Computer.*

Meistens handelt es sich dabei um mehrere dezentral angeordnete und jeweils einem Teilbereich zugeordnete kleinere Datenverarbeitungsanlagen — oft Anlagen der Mittleren Datentechnik — und einen zentral angeordneten Hauptrechner. Es besteht damit gleichzeitig die Betriebsart der Datenfernverarbeitung zwischen den als „Satelliten-Rechner" bezeichneten dezentral angeordneten kleineren Rechnern — sie entsprechen sozusagen „intelligenten Terminals" — und dem Hauptrechner.

Die Satelliten-Rechner arbeiten teils selbständig, teils in Verbindung mit der zentralen Anlage. Mit den Satelliten-Rechnern werden die Daten verdichtet und die nur den jeweiligen Teilbereich interessierenden Probleme am Ort des Datenanfalls direkt bearbeitet („Datenverarbeitung im Haus").

Der Hauptrechner dient zur Weiterverarbeitung der Ergebnisdaten der einzelnen Satelliten oder bearbeitet mit den verdichteten Daten Probleme, für die die Leistungsfähigkeit und Kapazität eines Satelliten nicht ausreicht („Datenverarbeitung außer Haus"). Die Unterstützung durch den Hauptrechner als der von allen Teilbereichen gemeinsam genutzten DVA bietet die Gewähr zur Abdeckung eines breiten Informationsbedarfs; Daten, die nur in einem Teilbereich anfallen, können dadurch auch in anderen Teilbereichen verwertet werden. Durch Einsatz der dezentralen Rechner am Ort des Informationsanfalls bzw. -bedarfs selbst verliert die ADV an Anonymität; der Computer wird eines unter mehreren Betriebsmitteln und der extremen Arbeitsteilung bei den Mitarbeitern wird entgegengetreten. Verbundsysteme stellen zukunftsorientierte Systeme dar.

**Fragen:**

66. Welches ist die typische Betriebsart für kleinere Rechenzentren mit kommerziellen Aufgaben?

67. Wo wird Echtzeitverarbeitung betrieben?

68. Was ist Grundlage für den Spool-Betrieb?

69. Was ist ein virtueller Speicher?

70. Wie erfolgt die Zuteilung der Zentraleinheit zu den Programmen beim Multiprogramming und Time-Sharing?

71. Worin unterscheidet sich die Betriebsart des Multiprocessing von der des Multiprogramming?

72. Warum ist bei einem Rechnerverbundnetz gleichzeitig zwingend die Betriebsart der Datenfernverarbeitung vorhanden?

73. Welche Betriebsarten sind wohl bei einem über EDV abgewickelten Auskunfts- und Buchungssystem eines Reiseveranstalters kombiniert?

# IV. Hersteller-Systeme

**Lernziel:**

Sie sollen den Begriff und die Bedeutung der Hersteller-Systemfamilien kennenlernen.

Ist bei einem ADV-Anwender die Notwendigkeit zur Erweiterung oder Umstellung der Datenverarbeitungsanlage vorhanden, so soll naturgemäß der Aufwand dazu möglichst gering gehalten werden. Die wichtigste Forderung ist dabei die nach K o m p a t i b i l i t ä t. Darunter versteht man, daß Geräte, Daten, Datenträger und Programme ohne besondere Anpassungsmaßnahmen ausgetauscht werden oder miteinander arbeiten können. Die Forderung nach Kompatibilität bedeutet also, daß Geräte problemlos durch leistungsfähigere ersetzt werden können und die technische Umstellung keine zwingende Umstellung der Programme, Daten und Datenträger nach sich zieht.

Hersteller-Systeme genügen der Forderung nach Kompatibilität und gewährleisten damit die Ausbaufähigkeit einer bei einem Anwender arbeitenden Anlage unabhängig davon, ob die Peripherie erweitert, der Speicher vergrößert oder die gesamte Zentraleinheit gegen eine leistungsfähigere ausgetauscht werden soll.

*Ein Hersteller-System ist ein System von verschiedenen kompatiblen Anlage-modellen eines Herstellers.*

Es handelt sich dabei um eine Anzahl von Datenverarbeitungsanlagen, die wohl verschiedene Leistungsmerkmale haben, aber bezüglich der Funktion, Arbeitsweise und Ausbaufähigkeit aufeinander abgestimmt sind. Sie werden unter dem

Begriff der Systemfamilie zusammengefaßt. Zur Bezeichnung einer Systemfamilie werden irgendwelche firmeninterne und firmenspezifische Ausdrücke
verwendet, z. B. Siemens-System 4004, IBM-System 370.

**Fragen:**

74. Was versteht man in der ADV unter dem Begriff der Kompatibilität?

75. Wann spricht man von einer Systemfamilie?

# C. Sollkonzept in bezug auf Planung und Entwicklung von EDV-Verfahren

Sollen in einem Betrieb einzelne Verfahren (z. B. Rechnungsschreibung) oder ganze Aufgabenbereiche (z. B. Auftragsbearbeitung) auf EDV übernommen werden, so erwartet man davon eine Erhöhung der Wirtschaftlichkeit. Nach dem Erkennen von Problemen (zu hohe Personalkosten, zu lange Durchlaufzeiten usw.) und der daraus resultierenden Formulierung von Zielvorstellungen des ADV-Einsatzes ist in einer ersten Phase zu prüfen und zu planen, ob und wie ein EDV-Verfahren diese Zielvorstellungen wirtschaftlich realisiert, um dann in einer zweiten Phase die Entwicklung dieses EDV-Verfahrens vorzunehmen. In einer dritten Phase erfolgt schließlich die Übernahme des Verfahrens in den aktuellen Betrieb.

In diesem Kapitel wird dargelegt, wie in Form zeitlich aufeinanderfolgender Phasen und Schritte die Planung, Entwicklung und Übernahme betrieblicher Aufgaben auf EDV erfolgen soll, wie also letztlich ein wirtschaftlicher ADV-Einsatz realisiert wird. Schematisch sind diese Phasen und Schritte in Abb. 25 dargestellt (s. S. 78).

Für den Fall, daß dem Betrieb noch keine EDV-Anlage zur Verfügung steht, kommen als weitere Probleme die der Auswahl einer DVA und der Kapazitätsberechnung hinzu, auf die aber hier nicht eingegangen werden kann.

## I. Projektierungsphase

**Lernziel:**

Sie sollen die zum Entwurf wirtschaftlicher EDV-Verfahren notwendigen Schritte kennenlernen.

In der Projektierungsphase erfolgt die P l a n u n g  d e s  E D V - E i n s a t z e s. Sie gliedert sich in  v i e r  zeitlich aufeinanderfolgende  S c h r i t t e, an deren Ende die Kenntnis über die Forderungen an die EDV und die Realisierbarkeit durch die EDV, ein Überblick über die Art und Weise der Realisierung sowie Vorstellungen über die Vorteile der Lösung durch EDV stehen.

### 1. Grundbedingungen

Voraussetzungen für die Aufnahme der Planungsarbeiten sind die Festlegung der von der EDV zu bearbeitenden Probleme sowie die Klärung der Verantwortlichkeiten bei der Durchführung des Projekts.

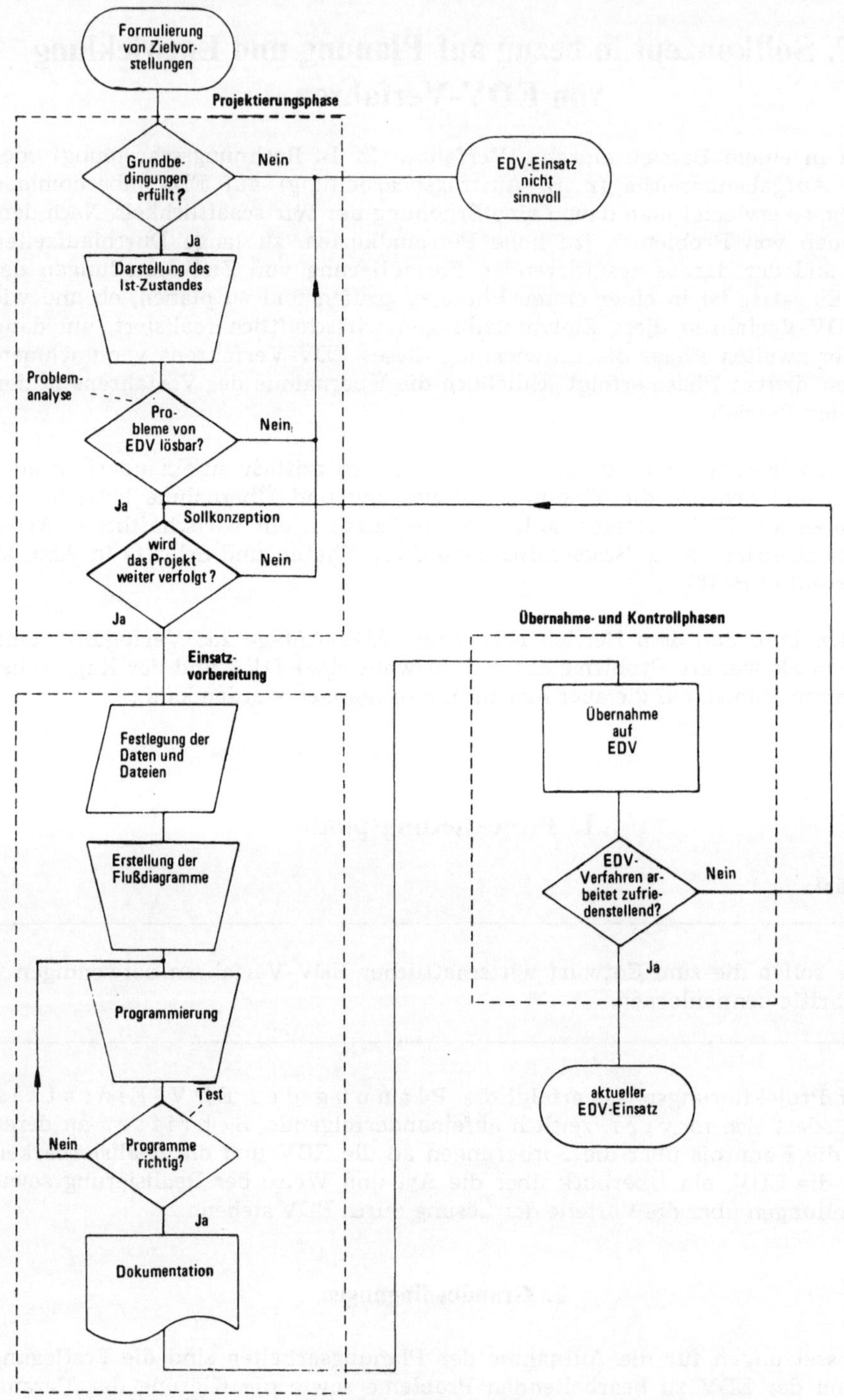


Abb. 25: *Phasen und Schritte bei der Planung und Entwicklung von EDV-Verfahren*

Grundsätzlich müssen sich die Entscheidungsträger auch darüber im klaren sein, daß der Einsatz der EDV zur Bearbeitung von Problemen aus dem kommerziellen Bereich
— einen umfangreichen Datenanfall und
— sich ständig wiederholende Arbeitsprozesse
voraussetzt, da ansonsten ein wirtschaftlicher EDV-Einsatz nicht denkbar ist. Kommerzielle Probleme haben meistens den Mengen- und Wiederholungscharakter, also die Eigenschaft, daß eine große Zahl von Vorgängen gleichartig zu bearbeiten ist (bei 1000 Lohnempfängern ist 1000mal der Lohn auf gleiche Weise zu berechnen). Der Wiederholungscharakter drückt sich weiterhin in dem in gewissen Zeitabständen wiederkehrenden Auftreten derselben Probleme (Lohnabrechnung erfolgt regelmäßig jeden Monat) aus. Trotzdem sind bei der Idee der Bearbeitung eines Problemkreises durch EDV als erstes diese Grundvoraussetzungen des wirtschaftlichen Einsatzes zu prüfen, wobei besonders zu beachten ist, daß mit steigender Arbeitsgeschwindigkeit der Datenverarbeitungsanlage auch die zu einem wirtschaftlichen Einsatz notwendigen Mindestdatenmengen ansteigen.

Von seiten der für die Entscheidung über den EDV-Einsatz Verantwortlichen sollte von Anfang an berücksichtigt werden, daß die Einführung von EDV eine Straffung und Änderung der Organisation sowie einen hohen Zeitaufwand und erhebliche finanzielle Vorleistungen bedingt.

## 2. Darstellung des Istzustandes

Bei der Darstellung des Ist-Zustandes geht es um eine Art Bestandsaufnahme des Bestehenden (z. B. Buchhaltung eines Betriebes) vor der Umstellung dessen auf EDV.

Diese Ist-Analyse gliedert sich in d r e i A b s c h n i t t e :

Einmal erstreckt sie sich auf die B e t r i e b s s t r u k t u r. Hier werden innerhalb der Bereiche, auf die sich das EDV-Projekt bezieht, die Art und die Mengen der Tätigkeiten bis hin zum einzelnen Mitarbeiter ermittelt. An Hand des Aufgabengliederungsplans und des Organisationsplans des Unternehmens erfolgt eine Aufteilung nach Arbeitsgruppen und Tätigkeitsbereichen. Für jede Stelle wird der Tätigkeitskatalog und das Mengengerüst angegeben. So wird z. B. für jeden Verkäufer neben der Angabe, was er überhaupt alles zu machen hat, die Anzahl der von ihm in einem bestimmten Zeitpunkt zu bearbeitenden Aufträge, Briefe, Reklamationen usw. festgehalten. Durch die Analyse der Betriebsstruktur wird klar, w a s der Einzelne, die Gruppe, die Abteilung usw. zu tun hat, und w a s damit in gewissem Umfang letztlich die ADV zu übernehmen hat.

In einem zweiten Abschnitt erstreckt sich die Ist-Analyse auf die B e a r b e itu n g s r e g e l n. Hier wird geklärt, w i e bei den verschiedenen Arbeitsprozessen vorgegangen wird. Die logische Reihenfolge der einzelnen Arbeitsschritte mit Vorschriften, Anweisungen, Terminen, Unterlagen und Hilfsmitteln wird aufgezeigt.

Der dritte Abschnitt schließlich beinhaltet die A n a l y s e   d e r   D a t e n. Die im Rahmen der Verarbeitung anfallenden Daten werden auf ihre Art (Zahlenwerte oder alphabetische Ausdrücke) ihren Umfang (Stellenzahl, Menge) und auf die Häufigkeit ihres Auftretens hin untersucht. Man weiß damit, welche und wieviel Daten in Zukunft zu verarbeiten sind und erhält Informationen über die Anforderungen an die Datenverarbeitungsanlage hinsichtlich des Speicherbedarfs und der notwendigen Ein-/Ausgabegeräte.

Am Ende der Darstellung des Ist-Zustandes hat man einen Überblick über das, was auf den Computer in Richtung Aufgabengebiete, Bearbeitungsvorschriften sowie Datenstruktur und Datenmenge zukommt.

### 3. Problemanalyse

An Hand einer kritischen Betrachtung der Ergebnisse der Ist-Analyse und eines Vergleichs dieser mit dem gesteckten Ziel werden Engpässe und Schwachstellen des bisherigen Systems erkannt und dargestellt. Daraus ergibt sich die Frage nach dem zukünftigen Einsatz der EDV, nach den Aufgaben, die ihr übertragen werden sollen und wirtschaftlich übertragen werden können. Erkenntnisse darüber, welche organisatorischen Tatbestände als unabänderlich anzusehen sind und wo Änderungen in dem Bearbeitungsverfahren vorgenommen werden können sowie Probleme der Umschulung des Personals und eine evtl. vorhandene Angst vor dem Verlust des Arbeitsplatzes spielen dabei eine Rolle.

Das Erkennen der auf die EDV zukommenden konkreten Probleme auf Grund der Problemanalyse ist Voraussetzung für eine Sollkonzeption.

### 4. Entwicklung einer Sollkonzeption

Das Sollkonzept enthält die von der EDV zu lösenden Probleme und Vorschläge zur Art der Problemlösungen. Die Entwicklung einer Sollkonzeption umfaßt die Betrachtung der Kapazitäten, Wirtschaftlichkeitsvergleiche sowie die Ausarbeitung eines Realisierungsplanes. Sie hat speziell die Entwicklung neuer Arbeitsabläufe und die Ermittlung der Anforderungen an die EDV zum Ziel.

Die Erstellung der Sollkonzeption gliedert sich in folgende Schritte:
— Konzeption der Sachgebiete,
— Bildung einer Grundkonzeption,
— Kapazitätsüberlegungen,
— Wirtschaftlichkeitsüberlegungen,
— Erstellung eines Realisierungsplanes,
— Erstellung eines Abschlußberichts.

Bei der **Konzeption der Sachgebiete** müssen zum einen die von der EDV zu bearbeitenden Sachgebiete festgelegt und unter Beachtung einer angestrebten Organisation evtl. „EDV-gerecht" umgestaltet werden. Zum anderen müssen für die einzelnen Sachgebiete festgelegt werden: Die Daten nach Funktion

(Eingabe-, Ausgabe-, Bewegungs- und Stammdaten) und Struktur (numerisch, alphanumerisch, Stellenzahl, Menge usw.); der organisatorische Ablauf des Sachgebiets unter Einbeziehung der EDV; die Verarbeitungsvorgänge in logischer und zeitlicher Reihenfolge; die Datenerfassung nach Art, Datenträger, Umfang, Ort und Zeit, sowie die Datenausgabe nach Art, Inhalt, Aufteilung, Umfang und Periodizität.

Unter der **Bildung einer Grundkonzeption** versteht man die gegenseitige Abstimmung der einzelnen Sachgebietskonzeptionen und ihre Eingliederung in ein harmonisches System.

Bei den **Kapazitätsüberlegungen** werden auf Grund der Mengengerüste der einzelnen Sachgebiete die für die EDV-Bearbeitung erforderlichen maschinellen, personellen und räumlichen Kapazitäten ermittelt. Die auf Erfahrungswerten beruhende Schätzung dieser Kapazitäten kann zum Ergebnis haben, daß bei der Realisierung des Projekts z. B. eine Erweiterung der DVA erforderlich wird.

Bei den **Wirtschaftlichkeitsüberlegungen** wird ein Vergleich zwischen Aufwand und Einsparung angestellt, der einen Zeitraum von mehreren Jahren zum Inhalt haben soll. Dabei werden dem Gesamtaufwand sowohl die direkt meßbaren Einsparungen z. B. an Material und Personal als auch die sich indirekt auswirkenden Vorteile durch z. B. größere Schnelligkeit und größeren Informationsgehalt gegenübergestellt.

In dem **Realisierungsplan** wird die sich aus der Planung ergebende mögliche Realisierung des Projekts dargelegt und besonders die Art der geplanten EDV-Verfahren, der geplante zeitliche Ablauf der Realisierung und der sowohl für die Realisierung als auch die spätere aktuelle Abwicklung erforderliche Personalbedarf aufgezeigt.

Der **Abschlußbericht** enthält alle die Planung des Projekts betreffenden Fakten. An Hand des Abschlußberichts wird über die weitere Realisierung des geplanten Projekts beschlossen; er stellt das Ende der Projektierungsphase dar.

**Fragen:**

76. Was erfolgt in der Projektierungsphase, und in welche Schritte gliedert sich diese Phase?

77. Was ist das Ergebnis der Projektierungsphase?

78. Welche Grundbedingungen gelten für einen wirtschaftlichen EDV-Einsatz?

79. In welche Abschnitte gliedert sich die Ist-Analyse?

80. Was ist das Ergebnis der Problemanalyse?

81. Was ist bei der Entwicklung einer Sollkonzeption zu tun?

# II. Einsatzvorbereitung

**Lernziel:**

> Sie sollen kennenlernen, wie die Übernahme eines Verfahrens auf EDV realisiert wird.

Nachdem in der Projektierungsphase für gewisse betriebliche Probleme und Problemkreise die Planung der Problemlösung mit EDV erfolgte, wird in der Phase der Einsatzvorbereitung die EDV-Lösung realisiert und damit der aktuelle Einsatz im täglichen Betriebsgeschehen vorbereitet. Auch diese Phase läuft in mehreren Schritten ab.

## 1. Festlegung der Daten und Dateien

In der Projektierungsphase wurden die vom Computer zu verarbeitenden Daten nach Funktion und Struktur schon großenteils untersucht. Aufbau und Umfang der Daten sowie die jeweiligen Datenträger, die verwendeten Datenerfassungsmethoden und die Art und Gestaltung der Ausgabedaten werden hier nun endgültig festgelegt und konkretisiert. Weiterhin ist notwendig, daß die Zahl der verwendeten Dateien, deren jeweiliger Inhalt, Aufbau und Umfang und deren gegenseitige Abhängigkeit sowie die Speichermedien der Dateien festgelegt werden. Dabei sind Probleme der Verarbeitungsart (handelt es sich um sequentielle Verarbeitung oder ist ein direkter Zugriff erforderlich?), der Häufigkeit der Verwendung, der Änderungsmöglichkeit, der Datensicherung und des Datenschutzes zu beachten.

## 2. Festlegung der Verarbeitungs-Konzeption

Die Festlegung der Verarbeitungskonzeption hat in zweifacher Hinsicht zu geschehen. Zum einen muß die bisher bestehende Organisationsform auf die Belange der zukünftigen EDV-Verarbeitung umgestellt werden. Der Organisations- und Datenablauf für das gesamte auf EDV umzustellende Arbeitsgebiet ist festzulegen. Zum anderen geht es um die Verarbeitung der Daten im Computer. Die einzelnen vom Computer auszuführenden Arbeitsschritte sind festzulegen. In beiden Fällen geht es um die Ausarbeitung eines Lösungsweges und für beide Fälle gibt es zur übersichtlichen Darstellung des Lösungsweges das graphische Hilfsmittel des F l u ß d i a g r a m m s , das aufgeteilt wird in D a t e n f l u ß p l a n und P r o g r a m m a b l a u f p l a n. Die graphische Darstellung bei den Flußdiagrammen geschieht an Hand g e n o r m t e r S i n n - b i l d e r , die aber erst in den Abschnitten D I und II behandelt werden.

### a) Datenflußplan

Ein Datenflußplan besteht aus Sinnbildern für die Verarbeitung und die Datenträger sowie aus Flußlinien.

*Der Datenflußplan stellt in graphischer Form den Organisations-, Daten- und Arbeitsablauf für ein Arbeitsgebiet dar.*

Er gibt eine Übersicht über die zu leistende Arbeit, indem von dem erstmaligen Auftreten der Daten über verschiedene Verarbeitungsstationen bis hin zur Weiterleitung der Ergebnisse jeder Vorgang graphisch dargestellt wird. Im einzelnen gibt er die Daten und Datenträger, den Datenfluß sowie die Verarbeitungsstationen und die jeweilige Verarbeitungsart an.

Ein Datenflußplan gestattet z. B. die Beantwortung der Fragen: Wo treffen Aufträge ein? Wo werden die Aufträge bearbeitet? Welche Auftragsdaten werden über welche Datenträger an die DVA weitergegeben? Was geschieht mit diesen Auftragsdaten im Computer? Welche Dateien (z. B. Kundendatei, Artikeldatei) werden zusätzlich zur Auftragsdatei benötigt? Welche Ergebnisse der EDV-Bearbeitung entstehen? Wohin werden die Ergebnisse weitergeleitet?

Der Datenflußplan gibt letztlich an, w a s  mit Daten jeweils gemacht wird.

**b) Programmablaufplan**

Ein Programmablaufplan besteht aus Sinnbildern für Operationen und für die Ein-/Ausgabe sowie aus Ablauflinien.

*Der Programmablaufplan stellt in graphischer Form die zeitliche Aufeinanderfolge der einzelnen Arbeitsschritte im Computer dar.*

Er schematisiert den logischen Lösungsablauf und zeigt übersichtlich, wie über das Programm der Lösungsweg von der Maschine beschritten wird. Der Programmablaufplan bezieht sich nicht mehr auf ein gesamtes Arbeitsgebiet, sondern nur noch auf das jeweilige Computerprogramm, für das er in allgemein verständlicher Form die nach dem E-V-A-Prinzip ablaufende zeitliche Reihenfolge aller Programmschritte darstellt. Statt eines Beispiels an dieser Stelle sei auf das Kapitel D, Logik der Programmierung, verwiesen.

Im Gegensatz zum Datenflußplan, der angibt, was mit den Daten gemacht wird, beschreibt der Programmablaufplan letztlich, w i e  die Daten innerhalb der Datenverarbeitungsanlage verarbeitet werden.

### 3. Programmierung

*Die Programmierung ist die Festlegung und computerverständliche Darstellung der zur Lösung einer Aufgabe erforderlichen Aufeinanderfolge von Arbeitsschritten.*

Sie setzt sich zusammen aus der Erstellung des **Programmablaufplanes** und der anschließenden **Codierung.**

Zuerst wird die auf Grund der Aufgabenstellung erforderliche Reihenfolge von Verarbeitungsschritten festgelegt und im Programmablaufplan dargestellt. Er enthält die Verarbeitungsvorschriften a l l g e m e i n v e r s t ä n d l i c h. Die zu dem Schritt „Festlegung der Verarbeitungskonzeption" gehörende Erstellung von Programmablaufplänen ist also gleichzeitig Bestandteil des Schrittes „Programmierung".

Bei der Codierung werden die aus dem Programmablaufplan ersichtlichen einzelnen Verarbeitungsschritte in computerverständliche Anweisungen einer Programmiersprache umgesetzt. Die Codierung ist die nach Maßgabe der verwendeten Programmiersprache m a s c h i n e n v e r s t ä n d l i c h e Darstellung der Verarbeitungsschritte.

Ergebnis der Erstellung des Programmablaufplans und der Codierung ist das Programm als eine geordnete Folge von Anweisungen. Abb. 26 zeigt an Hand eines einfachen Ausschnitts aus einem denkbaren Programmablaufplan und den entsprechenden Anweisungen in der Programmiersprache BASIC die Gegenüberstellung von Programmablaufplan und dem eigentlichen Programm.

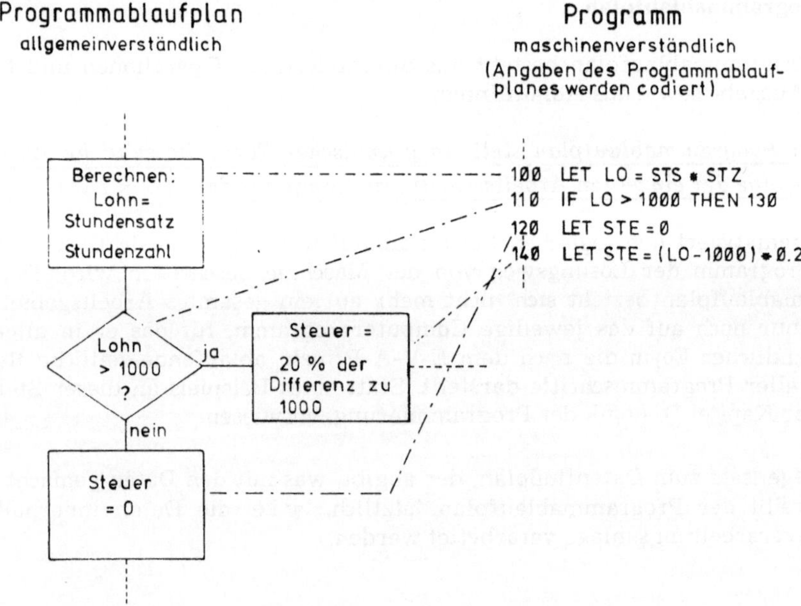


*Abb. 26: Gegenüberstellung von Programmablaufplan und Programm*

## 4. Programmtest

Erfahrungsgemäß ist ein Programm nach erfolgter Codierung nicht sofort fehlerfrei. Um einen ordnungsgemäßen Ablauf garantieren zu können, muß jedes neu erstellte oder geänderte Programm vor dem praktischen Einsatz durch Tests überprüft und von noch vorhandenen Fehlern befreit werden.

Folgende **Testphasen** werden unterschieden:
— **Schreibtischtest.** Ohne Benutzung des Computers wird auf Grund der vom Programm zu bearbeitenden Fakten an Hand mehrerer Beispiele sowohl der Programmablaufplan als auch das Programm im Vergleich zum Programmablaufplan nachvollzogen, um eventuelle Unstimmigkeiten und Abweichungen festzustellen.
— **Formaler Test.** Bei jeder Programmiersprache sind gewisse Regeln, die man auch als „Grammatik" der Programmiersprache bezeichnen könnte (Aufbau der Anweisungen; Angabe arithmetischer Ausdrücke; Verzweigungen usw.), einzuhalten. Programme müssen deshalb auf formale Verstöße gegen die Regeln der verwendeten Programmiersprache — auf Formalfehler — hin untersucht werden. Formale Fehler werden meist bei der Übersetzung vom Quellprogramm in das Objektprogramm vom Computer selbst angezeigt.
— **Logischer Test.** Hier wird durch sogenannte Testläufe mit typischen Probebeispielen aus dem Aufgabenpaket das formal fehlerfreie Programm auf ordnungsgemäße Funktion überprüft. Die dabei verwendeten Testdaten sollen so aufgebaut sein, daß mit ihnen alle Programmzweige durchlaufen und damit alle im Programm vorgesehenen Bearbeitungsfälle und Eventualitäten ausgeführt werden. Nach jedem Testlauf müssen die Ist-Ergebnisse mit den Soll-Ergebnissen verglichen und die Ursache für eventuelle Fehler mit Hilfe der Ist-Ergebnisse gesucht werden. Der Wechsel zwischen Testlauf und Testauswertung hat so lange zu erfolgen, bis der Test fehlerfreie Ergebnisse bringt.

Sind mehrere Programme miteinander verknüpft oder sind Unterprogramme (siehe D III 1) in das Programm eingebaut, so erfolgt an Hand des **Kett-Testes** die Überprüfung, ob die einzelnen in sich funktionierenden Programmteile auch richtig miteinander verkettet sind.

## 5. Dokumentation

Bei der Dokumentation werden alle für das Verständnis und die Anwendung der Programme wichtigen Unterlagen zusammengestellt. Dazu gehören neben dem Programm selbst und einer Programmbeschreibung unter anderem die Datenfluß- und Programmablaufpläne, Hantierungsvorschriften, Testdaten sowie Angaben über Entstehungsdatum und die an der Entstehung beteiligten Personen. Die Dokumentation ermöglicht es auch anderen Programmierern, Korrekturen, Änderungen oder Ergänzungen im Programm vorzunehmen und ist für eine sinnvolle Programmpflege unbedingt notwendig.

**Fragen:**

82. In welchen Schritten läuft die Einsatzvorbereitung ab?

83. Welche Flußdiagramme unterscheidet man und was ist deren jeweilige Aufgabe?

84. Was heißt „programmieren"?

85. Welche Testphasen unterscheidet man?

86. Warum ist die Dokumentation von Programmen unbedingt notwendig?

# III. Übernahme- und Kontrollphase

**Lernziel:**

Sie sollen kennenlernen, was vor der Freigabe eines EDV-Verfahrens noch zu tun ist.

Nachdem der organisatorische Ablauf von EDV-Verfahren entwickelt und die Programme fertiggestellt sind, muß der Übergang zum aktuellen Einsatz im täglichen Betriebsgeschehen an Hand einer Übernahme- und Kontrollphase erfolgen.

Durch einen Parallellauf zwischen dem alten konventionellen Verfahren und dem neu entwickelten EDV-Verfahren wird festgestellt, ob und wo Ungereimtheiten und Unstimmigkeiten auftreten. Eventuelle Fehler am System sowie Fehlerquellen z. B. bei der Erfassung und Bedienung werden erkannt. Die Mitarbeiter machen sich mit dem neuen System vertraut, werden in der richtigen Handhabung geschult und gewinnen an Sicherheit. Die Parallelarbeit verursacht einen erhöhten Aufwand, ist aber erforderlich, da nicht anzunehmen ist, daß alles sofort reibungslos abläuft.

Durch Soll-/Ist-Vergleiche kontrollieren Mitarbeiter mit speziellen Kenntnissen aus den zu bearbeitenden Fachgebieten die Richtigkeit der Ergebnisse und Durchführbarkeit der Verfahren sowie die Übereinstimmung mit dem projektierten Ablauf und die Wirtschaftlichkeit. Neben den reinen Ergebnissen der Computerläufe stehen bei der Kontrolle die Mengen der bearbeiteten Vorgänge, die Bearbeitungs- und Durchlaufzeiten, die Kosten usw. zur Diskussion. Abweichungen zwischen Soll und Ist können entweder in geänderten Voraussetzungen (der Umsatzanstieg war z. B. mit 5 % geplant, hat sich aber tatsächlich zu 15 % ergeben) oder in benutzerverursachten Fehlern (z. B. falsche Bedienung, fehlerhafte Erfassung, falsche Programmvoraussetzung) begründet sein. Die Gründe für die Abweichungen sind zu ermitteln.

Lassen sich Mängel dadurch, daß sie z. B. nicht an falschem Benutzerverhalten, sondern am System liegen, nicht direkt beheben und überschreiten sie das wirtschaftlich vertretbare Maß, so muß über die Rückkehr in die Projektierungsphase und Änderung des Sollkonzepts mit nachfolgender neuer Realisierung eine Behebung der Mängel versucht werden.

Erst wenn über einen bestimmten Zeitraum hinweg die Parallelarbeit und der laufende Soll-/Ist-Vergleich einen reibungslosen, fehlerfreien und wirtschaftlichen Ablauf eines EDV-Verfahrens gewährleisten, wird dieses als alleiniges Verfahren im täglichen Betriebsgeschehen eingesetzt. Es erfolgt die Freigabe des EDV-Verfahrens.

**Fragen:**

87. Wozu ist die Übernahme- und Kontrollphase erforderlich?

88. Wie läuft die Übernahme- und Kontrollphase ab?

89. Ist es denkbar, daß auf Grund der Übernahme- und Kontrollphase die Freigabe eines EDV-Verfahrens nicht erfolgt?

# D. Logik der Programmerstellung

Ein funktionsfähiges Programm stellt einen folgerichtigen Ablauf einzelner Arbeitsschritte dar. Jedem Programm liegt somit eine gewisse Logik zugrunde. Es geht in diesem Kapitel nicht um die Programmerstellung im Sinne von Codieren, sondern es geht um die logische und eindeutige Festlegung von vom Computer unabhängig von einer bestimmten Programmiersprache durchzuführenden Arbeitsschritten. Die Hilfsmittel zur Darstellung des Lösungsweges sowie besondere Schritte und Techniken zum Erreichen eines Lösungsweges werden dargelegt.

## I. Datenflußplan

**Lernziel:**

> Sie sollen die graphische Darstellung eines mit EDV abzuwickelnden Arbeitsgebietes an Hand von Datenflußplänen kennenlernen.

Zur Definition und zum Begriff des Datenflußplanes wird auf den Abschnitt C II 2 a) verwiesen.

### 1. Sinnbilder

Wie im vorigen Kapitel unter dem Abschnitt „Festlegung der Verarbeitungskonzeption" schon dargelegt wurde, besteht ein Datenflußplan aus Sinnbildern für die Verarbeitung und die Datenträger sowie aus Flußlinien. Die nach DIN 66001 genormten Sinnbilder zeigt Abb. 27.

Von der Vielzahl von Sinnbildern werden vorwiegend das Symbol für Bearbeiten, Sortieren und den nicht näher bestimmten Datenträger sowie die Symbole für die speziellen Datenträger (Lochkarte, Lochstreifen, Magnetband, Magnetplatte und Schriftstück) verwendet. Die einzelnen Sinnbilder werden durch Flußlinien verbunden, deren Richtung, wenn nicht durch einen Pfeil anderes angegeben ist, von oben nach unten bzw. von links nach rechts verläuft. Zur näheren Erläuterung können an die einzelnen Sinnbilder erklärende Bemerkungen angefügt werden. Über sogenannte Übergangsstellen wird die Verbindung zwischen verschiedenen Zweigen eines Planes hergestellt.

### 2. Beispiele für Datenflußpläne

Für eine bestimmte Aufgabe oder ein bestimmtes Aufgabengebiet gibt es nie einen einzigen Datenflußplan. Es sind immer mehrere Lösungen gleichermaßen

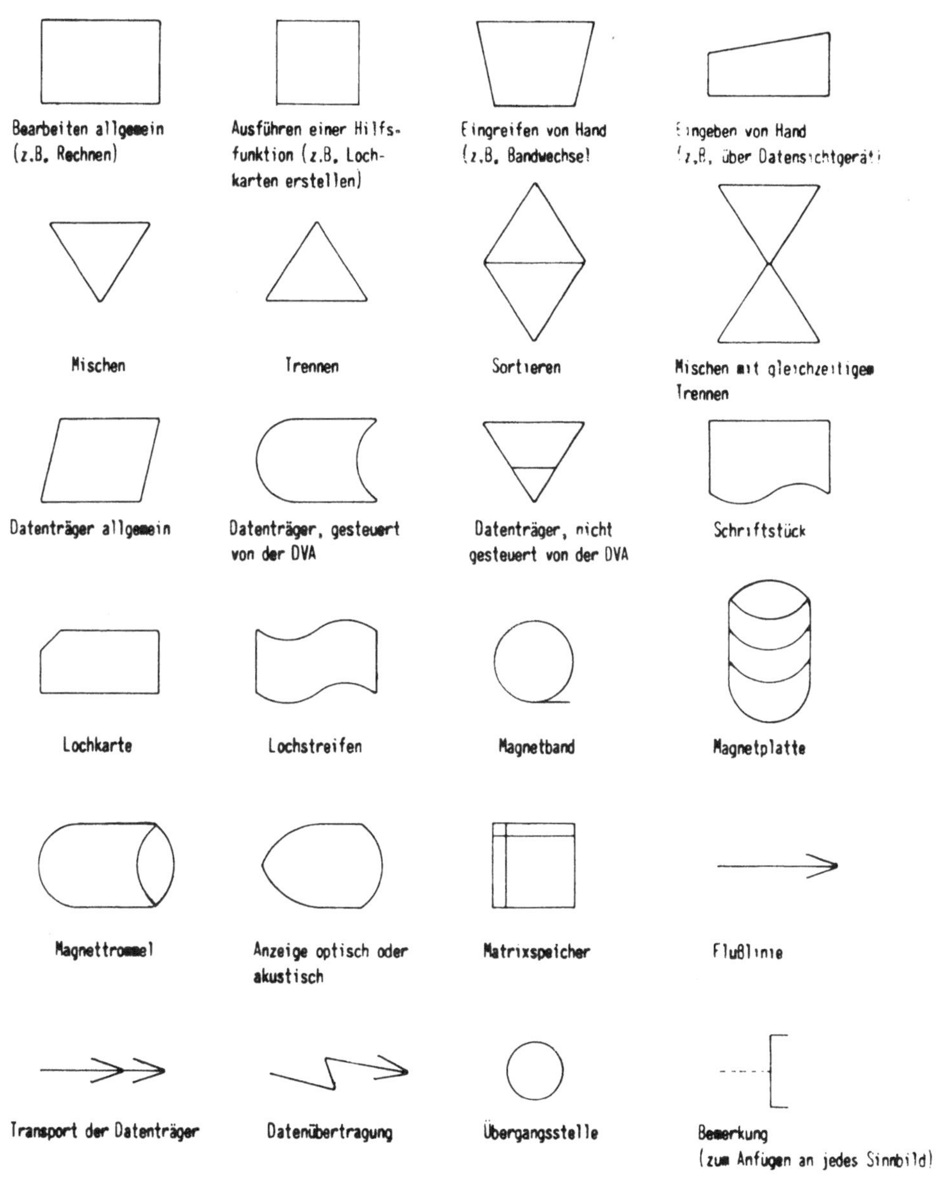



*Abb. 27: Sinnbilder für Datenflußpläne nach DIN 66001*

denkbar. Insofern sind die im folgenden aus verschiedenen Bereichen entnommenen Datenflußpläne als Beispiele für den Aufbau eines solchen Planes
und nicht als Vorschriften für den jeweiligen organisatorischen Ablauf zu sehen.

## a) Rechnungsschreibung

Die im Betrieb auf Formularen oder formlos eingehenden Bestellungen sollen neben anderen Verwendungszwecken gleichzeitig der automatischen Rechnungsschreibung dienen. Dazu werden die für die Rechnungen relevanten Bestelldaten auf Lochkarten abgelocht und von dort zusammen mit Daten aus der Kundendatei und der Artikeldatei im Computer zu den Rechnungsdaten verarbeitet, welche der Drucker auf speziellen Rechnungsformularen ausgibt.

Die Kundendatei enthält die Kunden-Nummern, Namen, Adressen und eventuelle Sonderkonditionen aller Kunden. Die Eingabe der Kunden-Nummer bei den Bestelldaten reicht als alleiniges Kundenmerkmal also aus. Bei neuen Kunden muß gesondert dafür gesorgt werden, daß sie eine Kunden-Nummer erhalten und in die Kunden-Datei aufgenommen werden.

Die Artikel-Datei enthält für alle Artikel die artikelspezifischen Angaben, wie Artikel-Nummer, Artikel-Bezeichnung, Mengeneinheit und Preis. Zur Kennzeichnung eines bestimmten Artikels ist also nur die Artikel-Nummer relevant.

Neben der Ausgabe der Rechnungsdaten auf den Rechnungsformularen werden diese noch auf Magnetplatte zur weiteren Verwendung in der Buchhaltung und zu z. B. statistischen Zwecken abgespeichert.

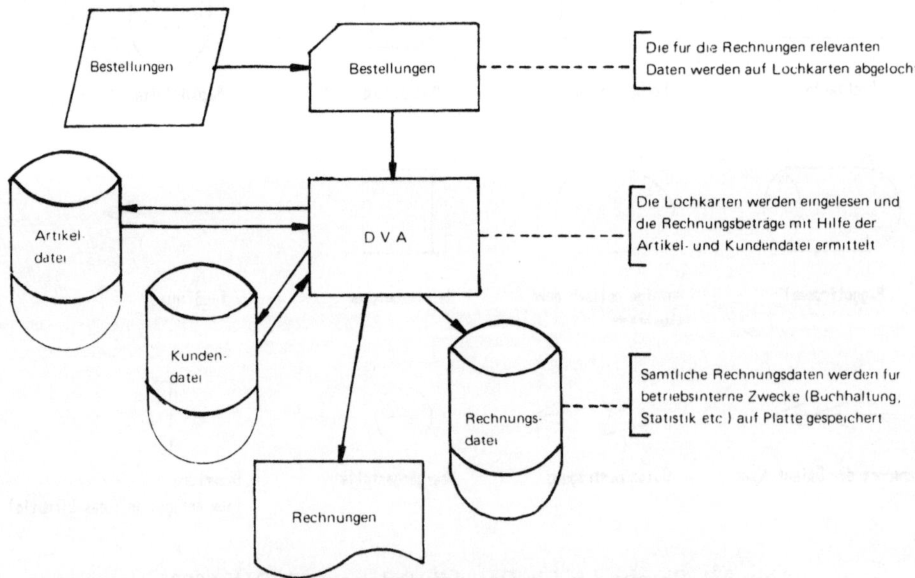


*Abb. 28: Datenflußplan „Rechnungsschreibung"*

Einen dementsprechenden Datenflußplan zeigt Abb. 28. Dabei handelt es sich allerdings um einen einfachen und isolierten Ablauf, da man in der Praxis wohl die Aufgabe der Rechnungsschreibung gleich in den Aufgabenkomplex der Auftragsabwicklung insgesamt integrieren wird.

## b) Lohnabrechnung

Die auf Lohnzetteln vermerkten Bewegungsdaten (geleistete Arbeitsstunden, Überstunden, Zuschläge, Fehlzeiten usw.) sollen auf Lochkarten abgelocht und nach vorheriger Sortierung der Lochkarten von diesen auf ein als Lochband bezeichnetes Magnetband übertragen werden. Abb. 29 zeigt den dazu gehören- den Datenflußplan. Das Lohnband stellt die Bewegungsdatei dar und enthält somit alle für den jeweiligen Entlohnungszeitraum spezifischen Daten zur Lohn-

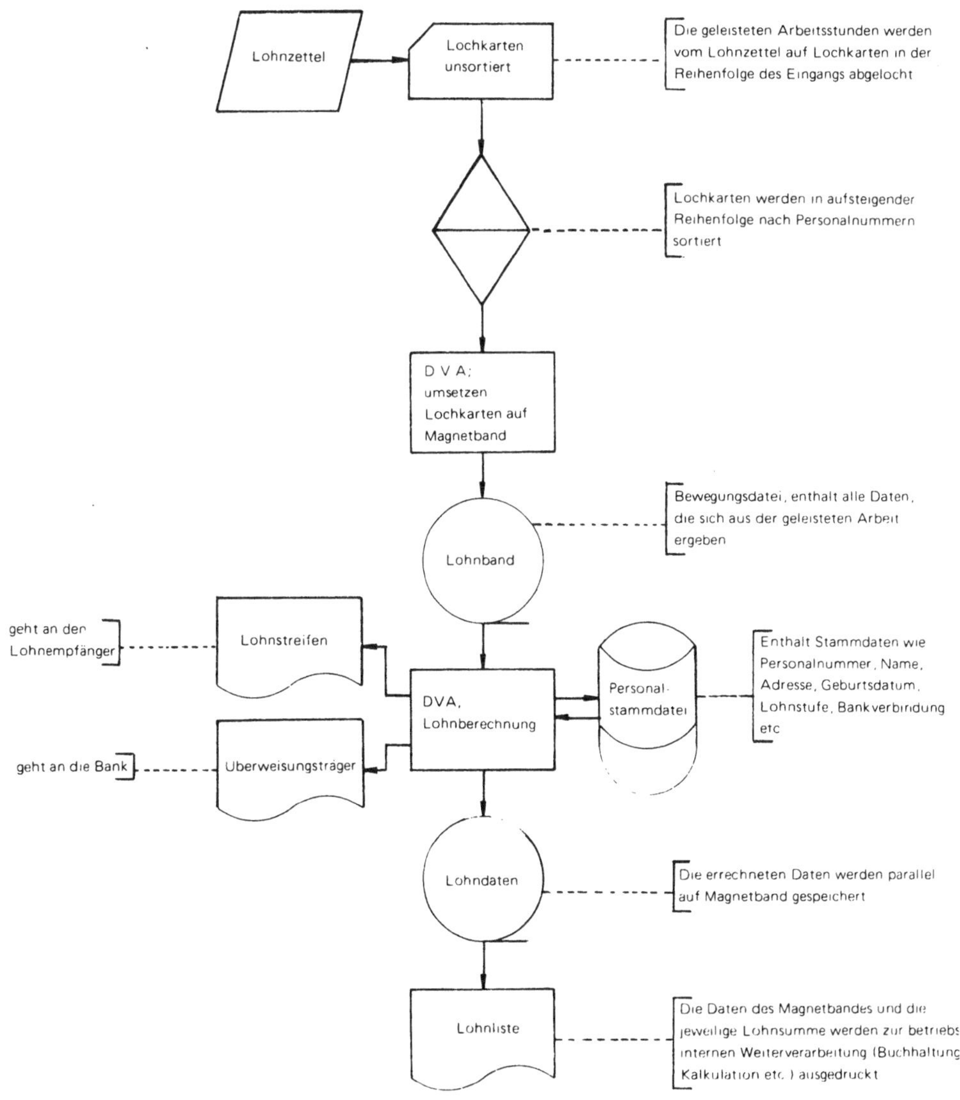


*Abb. 29: Datenflußplan „Lohnabrechnung"*

abrechnung. Zusammen mit den auf Magnetplatte abgespeicherten Stammdaten erfolgt in der Zentraleinheit die eigentliche Lohnberechnung. Die Art und Weise der einzelnen für die Lohnabrechnung in der Zentraleinheit notwendigen Arbeitsschritte geht aus dem Datenflußplan nicht hervor. Dies wäre Bestandteil eines Programmablaufplanes. Ergebnisse der Lohnberechnung seien sogenannte Lohnstreifen für die Lohnempfänger mit Angaben von Bruttolohn, Nettolohn, Abzügen usw. und Überweisungsträger für die Banken zur bargeldlosen Abwicklung sowie ein Magnetband mit allen zum jeweiligen Zeitpunkt errechneten Lohndaten und eine daraus erstellte Lohnliste zur betriebsinternen Weiterverarbeitung.

## c) Inventur

Einen dafür in Frage kommenden Datenflußplan zeigt Abb. 30. Die aus dem Lager kommenden Lagerlisten mit Angaben über vorhandene Artikel und jeweilige Mengen werden manuell durch weitere Daten wie Lagerort oder Warengruppe ergänzt. Die Daten der ergänzten Lagerlisten werden auf Lochkarten abgelocht und anschließend auf Richtigkeit geprüft. Nach dem Einlesen der Lochkarten in die DVA erfolgt ein Abspeichern auf Magnetplatte mit anschließender Sortierung der Inventurdaten nach Artikel-Nummern. Zusammen mit den aus der Artikel-Stammdatei entnommenen Verrechnungspreisen und Sollmengen der einzelnen Artikel werden die Werte pro Artikel-Nummer und der Gesamtwert des Lagers berechnet sowie ein Soll-Ist-Vergleich der Mengen durchgeführt. Erstellt wird daraus einerseits die Inventurliste mit Menge und Wert der einzelnen Artikel sowie dem Lagerwert und andererseits eine Liste, aus der die an Hand des Soll-Ist-Vergleichs festgestellten Mengenabweichungen hervorgehen.

Von der Platte mit „Inventurdaten nach Artikel-Nummer sortiert" geht eine Flußlinie zur DVA; die Artikel-Stammdatei ist durch zwei Flußlinien mit der DVA verbunden. Das liegt daran, daß zwischen Artikel-Stammdatei und Computer Daten in beiden Richtungen übertragen werden (Artikel-Nummer von DVA an Datei; unter dieser Artikel-Nummer gespeicherte Stammdaten von Datei an DVA) im Gegensatz zur anderen Platte, die Daten lediglich abgibt.

Der Datenflußplan in Abb. 30 enthält eine Übergangsstelle, die hier die Kennzeichnung A trägt und zur eindeutigen Fortsetzung des aus Platzgründen unterbrochenen Planes dient.

## d) Auftragsabwicklung

Der hierfür vorgesehene Datenflußplan in Abb. 31 enthält sowohl Magnetbänder als auch Magnetplatten. Nach dem Teil der Arbeit, der von der Datenerfassung bis zum Magnetband mit den sortierten Bestelldaten reicht und im Plan bis zur Anschlußstelle A geht, wird mit diesem Auftragsband sowie der Kunden- und der Artikel-Stammdatei die Auftragsbearbeitung in folgenden Einzelfunktionen durchgeführt:

— Erstellen von Versandpapieren, Rechnungen und Auftragsbestätigungen.
— Fortschreibung der Artikelbestände auf Platte und Ausgabe wichtiger Daten für den Disponenten auf Drucker.
— Führung der Kontokorrentkonten (Umsätze und Salden) auf Platte.

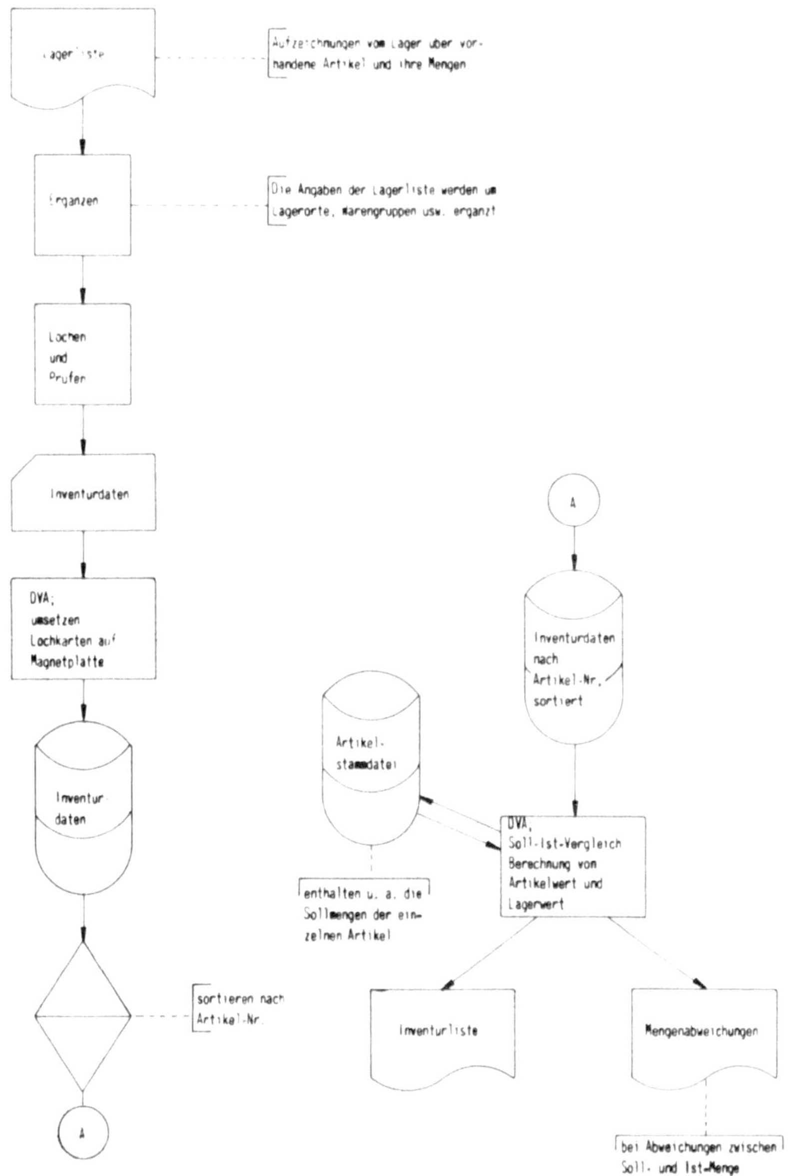



*Abb. 30: Datenflußplan „Inventur"*

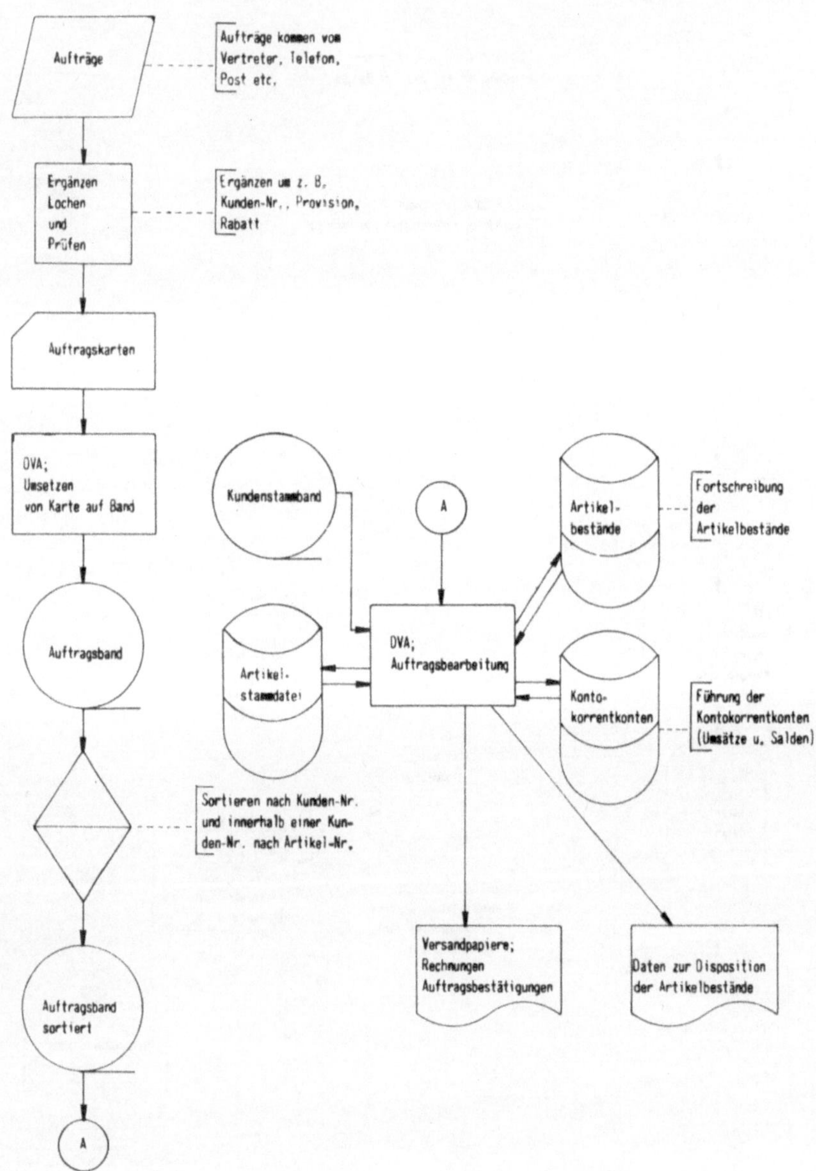


*Abb. 31: Datenflußplan „Auftragsabwicklung"*

Aus dem Datenflußplan von Abb. 31 sind die einzelnen Arbeitsstufen der Auftragsabwicklung von dem Auftragseingang bis hin zur Rechnungsschreibung zu ersehen, wobei natürlich auch hier eine vereinfachte Aufgabenstellung zu Grunde gelegt wurde.

### e) Fertigungsvorbereitung

Abb. 32 zeigt einen Datenflußplan für die Fertigungsvorbereitung, bei dem mit den auf Platte stehenden und sortierten Auftragsdaten und unter Verwendung der Artikel-Stammdatei der Maschinenbelegungsplan fortgeschrieben und in neuer Version ausgedruckt wird sowie diverse Listen mit Dispositionen, Bestellungen, Terminen usw. ausgegeben werden.

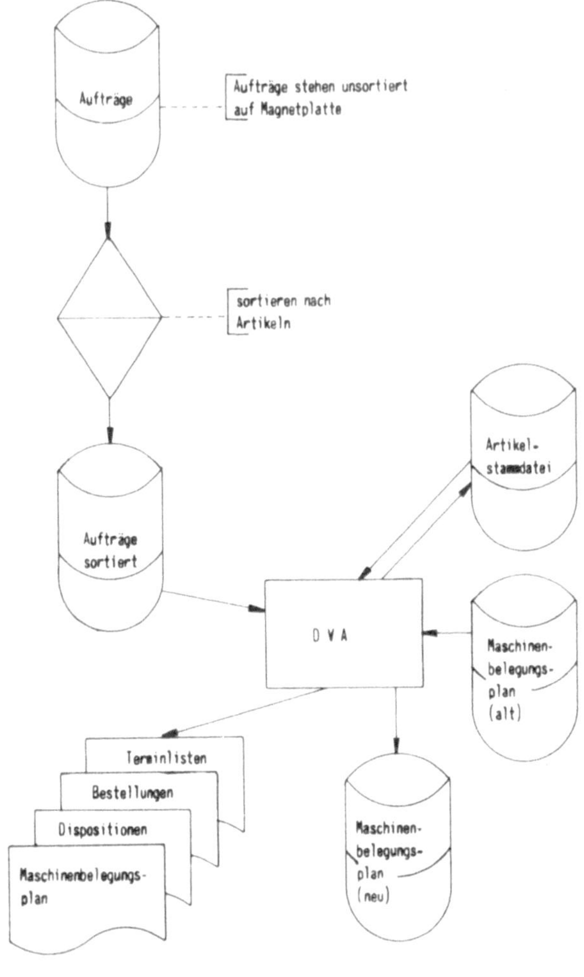


*Abb. 32: Datenflußplan „Fertigungsvorbereitung"*

## f) Fortschreibung von Banddateien

Im Datenflußplan nach Abb. 33 wird das Verfahren beschrieben, wie prinzipiell Dateien — und das gilt für Banddateien genauso wie für Plattendateien — fortgeschrieben werden. Fortschreiben heißt dabei, daß eine Datei durch neu hinzugekommene Daten ergänzt und damit aktualisiert wird.

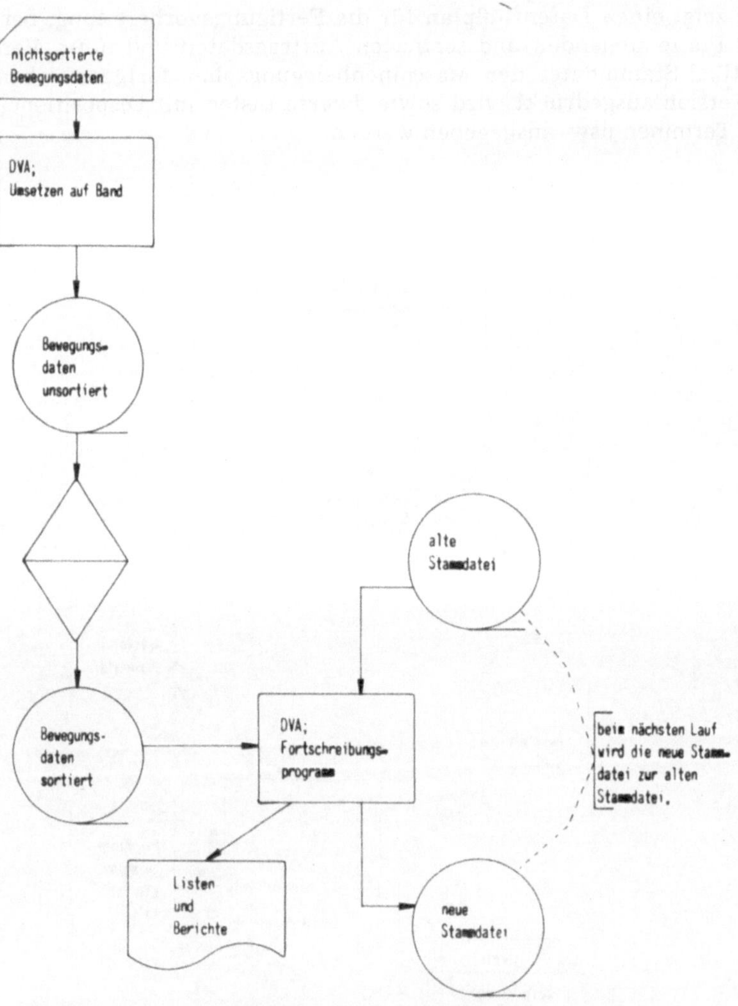


*Abb. 33: Datenflußplan „Fortschreibung von Banddateien"*

Die Bewegungsdaten als die neu hinzugekommenen Daten werden z. B. auf Lochkarten erfaßt, auf Band umgesetzt und sortiert. Aus den auf Band stehenden sortierten Bewegungsdaten und der Stammdatei, die fortzuschreiben ist („alte" Stammdatei), erstellt die DVA die fortgeschriebene Datei („neue" Stammdatei) sowie verschiedene Listen und Berichte, deren Notwendigkeit sich je nach Bedarf aus der Fortschreibung ergibt. Die „neue" Stammdatei ist so lange die aktuelle Datei, bis durch neue Bewegungsdaten wiederum eine Fortschreibung notwendig ist, bei der dann diese „neue" Stammdatei zur „alten" Stammdatei wird.

**Fragen:**

90. Welche Bedeutung haben folgende Sinnbilder:

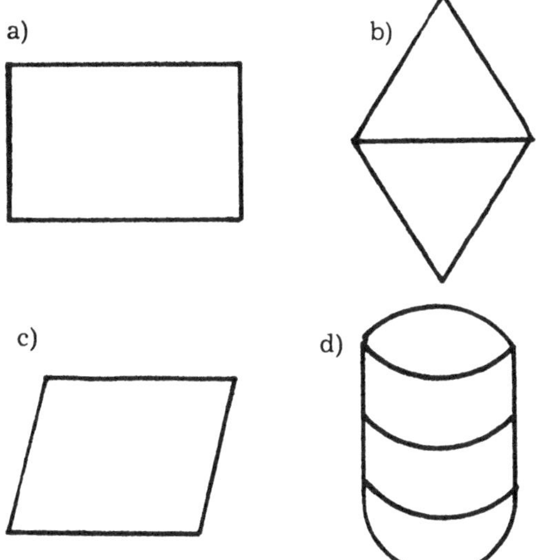

a)

b)

c)

d)

91. Was heißt „Fortschreiben einer Datei"?

92. Welche Richtungen gelten für die Flußlinien, wenn keine Pfeile angegeben sind?

## II. Programmablaufplan

**Lernziel:**

Sie sollen an Hand der graphischen Darstellung der Arbeitsschritte eines Programmes verschiedene Programmstrukturen und spezielle Programmabläufe kennenlernen.

Die Definition von C II 2 b) sagt aus, daß der Programmablaufplan die zeitliche
Aufeinanderfolge der einzelnen Arbeitsschritte im Computer darstellt. Um einen
Programmablaufplan erstellen zu können, muß als erstes die zu bearbeitende
Aufgabe genau analysiert und der Ablauf von der Art der Arbeitsschritte und
deren Reihenfolge her bis in die kleinsten Einzelheiten durchdacht worden sein.
Erst dann kann mit Hilfe der Sinnbilder die graphische Darstellung des zeit-
lichen Ablaufs erfolgen.

## 1. Sinnbilder

Ein Programmablaufplan besteht aus Sinnbildern für Operationen und für die
Ein-/Ausgabe sowie aus Ablauflinien. Die nach DIN 66001 genormten Sinnbilder
zeigt Abb. 34.

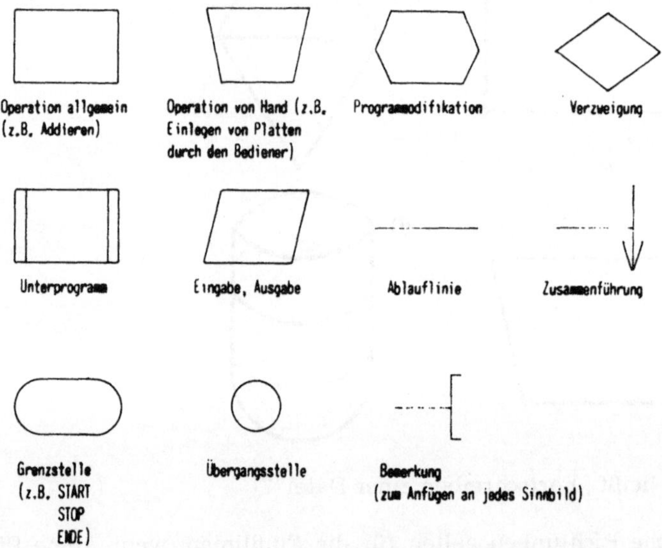


*Abb. 34: Sinnbilder für Programmablaufpläne nach DIN 66001*

Von diesen Sinnbildern werden vorwiegend die für die allgemeine Operation,
die Verzweigung und die Ein-/Ausgabe sowie die Grenzstelle benötigt. Durch
Ablauflinien sind die Sinnbilder verbunden, wobei es zur Zusammenführung
verschiedener Ablauflinien kommen kann. Bei der Zusammenführung zweier
Ablauflinien wird der Ausgang zweckmäßigerweise durch einen Pfeil gekennzeichnet. Zwei sich kreuzende Ablauflinien bedeuten keine Zusammenführung.
Die Vorzugsrichtung ist von oben nach unten und von links nach rechts. Zur
Verdeutlichung des Ablaufs kann auf das jeweils nächstfolgende Sinnbild eine
Pfeilspitze gerichtet sein; notwendig ist dies bei Abweichungen von den Vorzugs-
richtungen. Eine Übergangsstelle kennzeichnet die Fortführung eines unter-
brochenen Planes. Der Übergang kann von mehreren Stellen aus, aber nur zu
einer Stelle hin erfolgen (siehe Übergang B in Abb. 41). Zusammengehörige
Übergangsstellen müssen die gleiche Bezeichnung tragen.

## 2. Verschiedene Programmstrukturen

Bei Programmen lassen sich **drei Grundstrukturen** unterscheiden.

Die einfachste Form ist der **lineare Programmablauf** (dies hat nichts mit der „Linearen Programmierung" in Operations Research zu tun), auch als geradlinige oder gestreckte Programmierung bezeichnet.

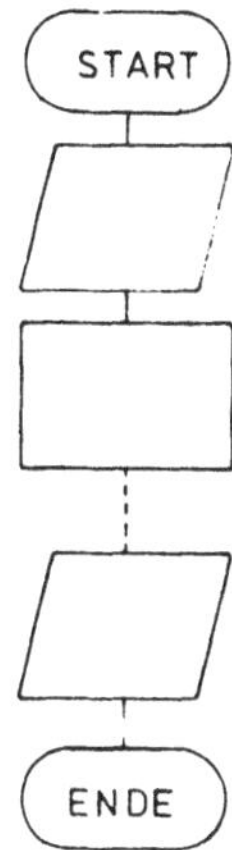


*„Linearer Programmablauf"*

Hier liegt ein einziger Ablauf fest, von dem nicht abgewichen werden kann und bei dem nach obenstehendem Schema jede Anweisung und jeder Arbeitsschritt nur einmal in der durch die Aufeinanderfolge der Symbole vorgegebenen zeitlichen Reihenfolge zur Ausführung kommt. Ein linearer Programmablauf reicht aus für z. B. die Einzelverarbeitung von Informationen im Dialogverkehr.

Nun gibt es die Möglichkeit, daß sich durch die Abfrage einer den weiteren Programmablauf beeinflussenden Bedingung das Programm nach folgendem Schema in zwei Richtungen verzweigt:

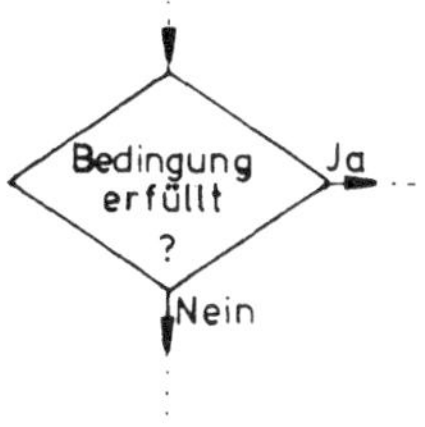


Der Programmablauf springt aus der linearen Befehlsfolge heraus. Dies ist kennzeichnend für die ADV, wo der Computer ja in der Lage sein muß, im Rahmen einer vorgegebenen Programmfolge logische Entscheidungen über den weiteren Programmablauf zu treffen.

Werden durch die Verzweigung unterschiedliche Verarbeitungswege gekennzeichnet, so erhält man als zweite Grundstruktur die der **Programmzweige.** Jeder Programmzweig wird nur unter einer bestimmten Bedingung durchlaufen und pro Arbeitsfall wird immer nur ein Zweig durchlaufen. In Abhängigkeit von einer programmierten Bedingung setzt also die DVA den Verarbeitungsprozeß in der einen oder anderen Richtung fort. Wie folgende Skizze zeigt, können unterschiedliche Programmzweige auch wieder zusammengeführt werden (gestrichelte Ablauflinie):

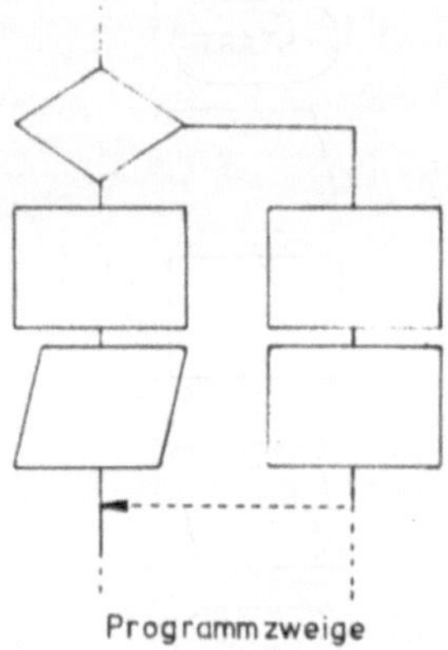



Durch die Verzweigung wird auch der **zyklische Programmablauf** realisiert. Diese dritte Grundstruktur, die auch als **Programmschleife** bekannt ist, kennzeichnet eine Folge von Anweisungen, die wegen der Gleichartigkeit des Lösungsweges nach dem Prinzip des folgenden Schemas mehrfach durchlaufen werden:

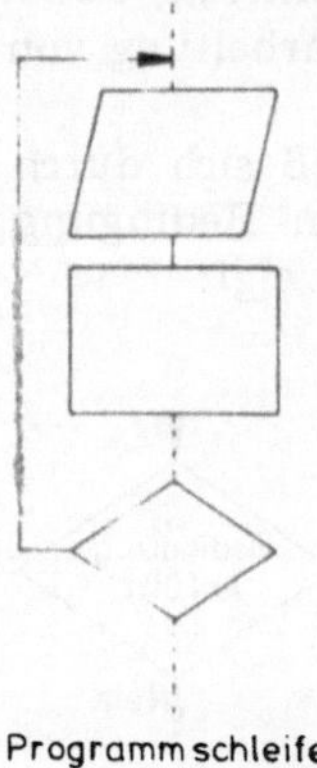



Notwendig ist dies bei sich oftmals wiederholenden Tätigkeiten, also z. B. bei der Lohnabrechnung, wo die Berechnung „Stunden · Lohnsatz ∕ Abzüge = Nettolohn" bei jedem Lohnempfänger durchgeführt werden muß. Die erforderliche Folge von Programmanweisungen ist unabhängig von der Anzahl der Lohnempfänger nur einmal zu codieren. Damit eine Schleife sich nicht unendlich oft wiederholt, wird am Ende der Schleife durch Abfrage, ob die Bedingungen für einen weiteren Schleifendurchlauf noch vorliegen oder ob die Schleife genügend oft durchlaufen ist, das Verlassen der Schleife ermöglicht. Gerade im kommerziellen Bereich, wo der Wiederholungscharakter der zu bearbeitenden Probleme (siehe C I 1) den Einsatz von Datenverarbeitungsanlagen mit rechtfertigt, kommt man ohne zyklische Programmabläufe nicht aus.

Die Abweichung vom linearen Programmablauf wird durch sogenannte bedingte Sprunganweisungen erreicht. Diese werden nur befolgt, wenn eine bestimmte Bedingung erfüllt ist. Im Gegensatz dazu gibt es auch unbedingte Sprunganweisungen, die in jedem Fall ausgeführt werden.

Ein Programmablaufplan insgesamt soll alle möglichen Wege, die bei der Lösung einer Aufgabenstellung in Frage kommen, aufzeigen. Er stellt eine Variation aller drei Grundstrukturen dar und kann somit enthalten:
— Lineare Abläufe, also Teile, die nur einmal durchlaufen werden.
— Verschiedene Programmzweige, von denen pro Arbeitsfall immer nur einer — abhängig von einer bestimmten Bedingung — durchlaufen wird.
— Zyklische Abläufe (Schleifen), also Teile, die mehrmals durchlaufen werden. Die Anzahl der Schleifendurchläufe hängt dabei von der Menge der zu verarbeitenden Daten ab.

In praktisch jedem Programm sind alle drei Grundstrukturen enthalten, wobei sich außerdem bei fast jedem Programm eine Dreiteilung vornehmen läßt in:
— einen Vorprogrammteil mit linearem Ablauf;
— einen Hauptprogrammteil mit verschiedenen Programmzweigen und Schleifen;
— einen Schlußprogrammteil mit wiederum einem linearen Ablauf.

### 3. Beispiele für Programmablaufpläne

Wie beim Datenflußplan gilt auch für den Programmablaufplan, daß für eine bestimmte Aufgabenstellung immer mehrere Ablaufversionen in Frage kommen können. Neben der Tatsache, daß ein spezieller Programmablaufplan von der zugrundeliegenden Organisation und der verwendeten Programmiersprache beeinflußt wird, sind auch immer mehrere Lösungswege gleichermaßen denkbar. Die folgenden Programmablaufpläne sind nicht auf eine spezielle Programmiersprache zugeschnitten und sollen nicht als Vorschriften für die Lösung bestimmter Aufgaben, sondern als Beispiele für den möglichen Aufbau von Programmablaufplänen gelten.

#### a) Zins- und Endkapitalberechnung

Abb. 35 zeigt den linearen Ablauf einer mathematischen Berechnung. Von einem bestimmten Anfangskapital $K\emptyset$ wird der bei einem Zinssatz P in T Tagen angelaufene einfache Zins Z — nicht der Zinseszins — und das dadurch bei einem Zinszuschlag nach T Tagen vorhandene Endkapital K berechnet. Die Eingabedaten $K\emptyset$, P und T sind frei wählbar. Sie sind gleich nach dem Start des Programmes einzugeben. Nach der erfolgten Berechnung werden Endkapital und

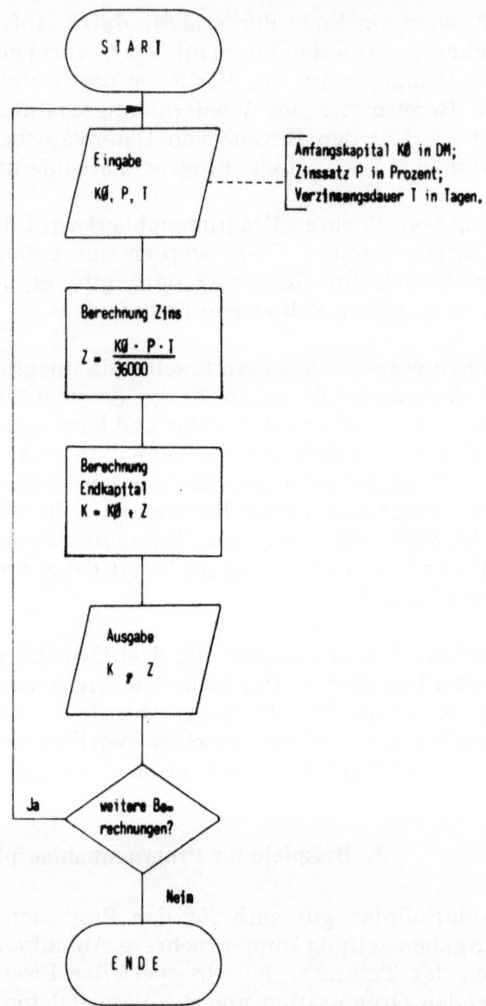


*Abb. 35: Programmablaufplan „Zins- und Endkapitalberechnung"*

Zins ausgegeben. Der Ablauf von der Eingabe bis zur Ausgabe ist linear. Eine Schleife ist dann insofern noch eingebaut, als der Anwender nach erfolgter Berechnung und Ausgabe über die Abfrage „weitere Berechnungen?" entscheiden kann, ob eine erneute Berechnung mit neuen Eingabedaten durchgeführt oder ob das Programm beendet werden soll. Bei der Beantwortung der Frage mit „Ja" kehrt das Programm an den Punkt zurück, wo die Eingabe der Daten erfolgt; der lineare Ablauf beginnt erneut.

Es könnte dies in stark vereinfachter Version der prinzipielle Ablauf für die Berechnung z. B. mathematischer und statistischer Aufgaben von Anwendern sein, die im Dialogverkehr über Time-Sharing und Datenfernübertragung an ein Service-Rechenzentrum angeschlossen sind.

## b) Entscheidungsbeispiel

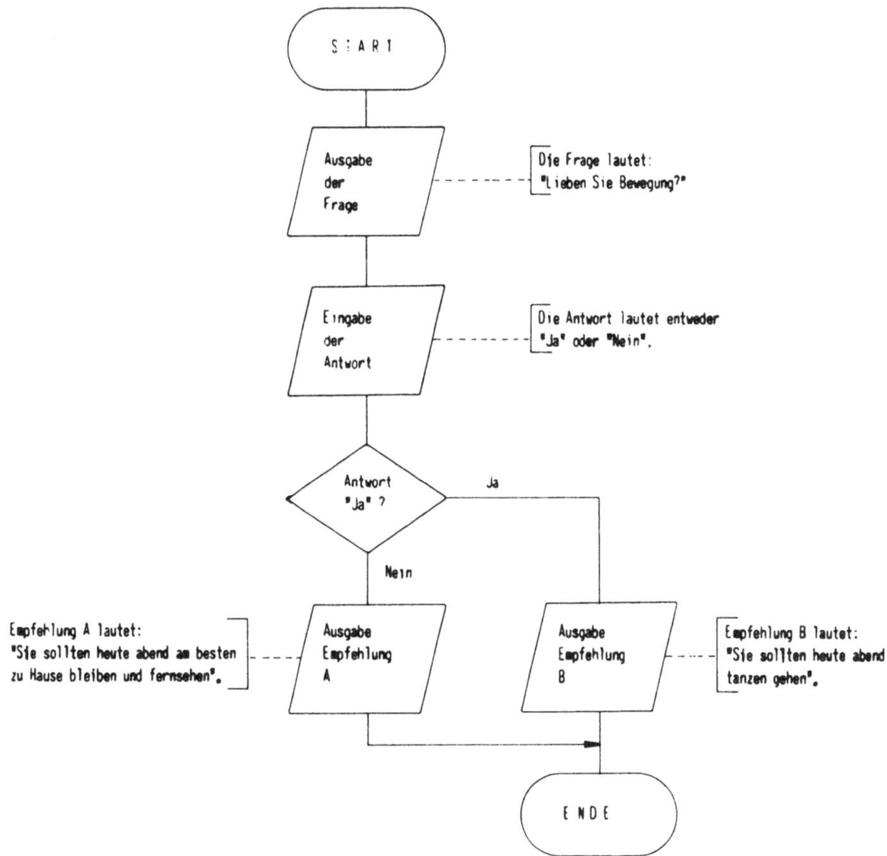



*Abb. 36: Programmablaufplan „Entscheidungsbeispiel"*

Ein einfaches Entscheidungsbeispiel, bei dem der Computer Empfehlungen zur Gestaltung des Abends gibt, zeigt der Programmablaufplan in Abb. 36. Über die Beantwortung einer Frage teilt sich das Programm in zwei Zweige auf, die anschließend wieder zusammenlaufen. Dieser Programmablaufplan enthält die Grundstruktur des linearen Ablaufs und der Programmzweige. Eine Schleife ist nicht vorhanden.

## c) Positiv-Null-Negativ-Beispiel

Alle drei Grundstrukturen enthält der Programmablaufplan in Abb. 37. In diesem Beispiel sollen eingegebene Zahlen nach der Eigenschaft „Positiv", „Null" oder „Negativ" unterschieden und sowohl die Anzahl von Zahlen mit der jeweiligen Eigenschaft als auch die Anzahl der eingegebenen Zahlen insgesamt bestimmt werden. Dazu benötigt man sogenannte Z ä h l e r. Das sind Speicherstellen im Hauptspeicher, deren Inhalt immer dann um 1 erhöht wird, wenn eine

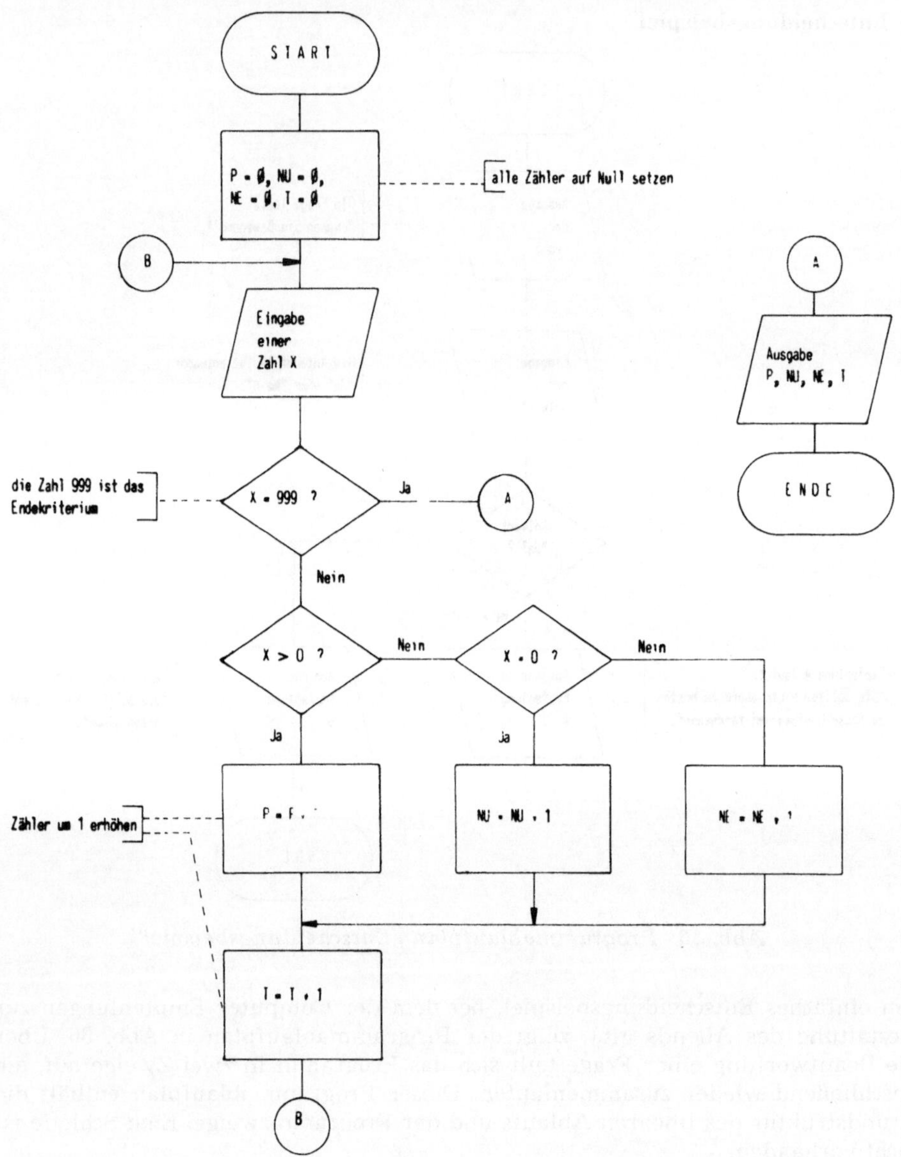


*Abb. 37: Programmablaufplan „Positiv-Null-Negativ-Beispiel"*

dem jeweiligen Zähler zugeordnete Eigenschaft zutrifft. Der Zähler für die Anzahl von positiven Zahlen soll im Programm mit P, von Nullen mit NU, von negativen Zahlen mit NE und der für die Anzahl der Zahlen insgesamt mit T (von total) bezeichnet werden.

Um einen definierten Ausgangszustand zu erhalten, sind am Anfang des Programmes alle Zähler auf Null zu setzen; ihre von einem eventuell früheren Programmablauf herrührenden Werte werden gelöscht. Jedesmal nach Eingabe einer Zahl — die z. B. manuell über Datensichtgerät oder auch über Lochkarte erfolgen kann — wird deren hier interessierende Eigenschaft (positiv, null oder negativ) festgestellt und der entsprechende Zähler dadurch erhöht, daß auf den bisherigen Inhalt eine 1 dazuaddiert wird, was der Plan durch die Angabe P = P + 1 usw. ausdrückt. Der Ausdruck P = P + 1 — entsprechendes gilt für NU, NE und T — darf nicht als mathematische Gleichung interpretiert werden; eine solche Gleichung wäre unsinnig. Er soll lediglich ausdrücken, daß der bisherige Inhalt von P gelesen und um 1 erhöht wird (rechte Seite des Gleichheitszeichens), um dann als neuer Inhalt (linke Seite des Gleichheitszeichens) wieder nach P zurückgeschrieben zu werden.

Auf Grund der drei Eigenschaften teilt sich das Programm in drei Zweige auf, wobei für jede Zahl immer nur ein Zweig durchlaufen wird. Die Zweige laufen anschließend wieder zusammen, weil unabhängig von der Eigenschaft der Zahl in jedem Fall der Totalzähler um eins zu erhöhen ist. Danach springt das Programm zu der Stelle zurück, wo die Zahlen einzugeben sind (Übergangsstelle B) und es erfolgt mit der nächsten Zahl derselbe Ablauf. Die Schleife zwischen den Übergangsstellen B ist so oft zu durchlaufen, wie Zahlen zur Eingabe vorhanden sind. Um aus der Schleife herauszukommen, wurde als sogenanntes Endekriterium die Zahl 999 vereinbart. Diese Zahl kann nicht zur Bestimmung der drei Eigenschaften und zur Zählung herangezogen werden. Sie ist nach der letzten auszuzählenden Zahl einzugeben und bewirkt über die direkt nach der Eingabe erfolgende Abfrage (X = 999?), daß das Programm zur Anschlußstelle A springt, wo lediglich noch die Inhalte der Zähler und damit die Anzahl der positiven Zahlen, der Nullen und der negativen Zahlen sowie die der eingegebenen Zahlen insgesamt (ohne die Zahl 999!) ausgegeben werden.

Der Vorprogrammteil beinhaltet das Löschen der Zähler und stellt einen linearen Ablauf dar. Der Hauptprogrammteil besteht aus der Schleife zwischen den Übergangsstellen B und teilt sich in drei Programmzweige auf. Der Schlußprogrammteil geht von der Übergangsstelle A bis ENDE, enthält somit nur die Ausgabe der Zählerinhalte und besteht aus einem linearen Ablauf.

Dieses Beispiel hat wohl weniger Bedeutung für die direkte Anwendung in der Praxis. Es ist aber insofern bedeutend, als es den typischen Ablauf darstellt, wie gewisse, nach eindeutigen Kriterien zu unterscheidende Ereignisse, Eigenschaften oder Tatbestände ausgezählt werden.

## d) Mittelwertberechnung

Der arithmetische Mittelwert einer Zahlenreihe ist zu berechnen. Er ergibt sich als Quotient aus der Summe und der Anzahl der Zahlen. Im Programm soll mit S die jeweilige Summe der eingegebenen Zahlen und mit N deren Anzahl bezeichnet werden. Der Inhalt von N und S ist deshalb zu Beginn des Programmes zu löschen (siehe Abb. 38). In einer Programmschleife wird jede eingegebene Zahl zu der Teilsumme der zuvor eingegebenen Zahlen addiert und deren Anzahl um eins erhöht. Dieser zyklische Ablauf erfolgt so lange, bis durch ein Endekriterium (hier ebenfalls die Zahl 999) dokumentiert wird, daß alle Zahlen eingegeben sind und unter N bzw. S die Gesamtzahl bzw. die Gesamtsumme der Zahlenwerte abgespeichert ist. Das Programm springt dadurch aus der Schleife heraus, berechnet den Mittelwert, gibt ihn aus und ist zu Ende.

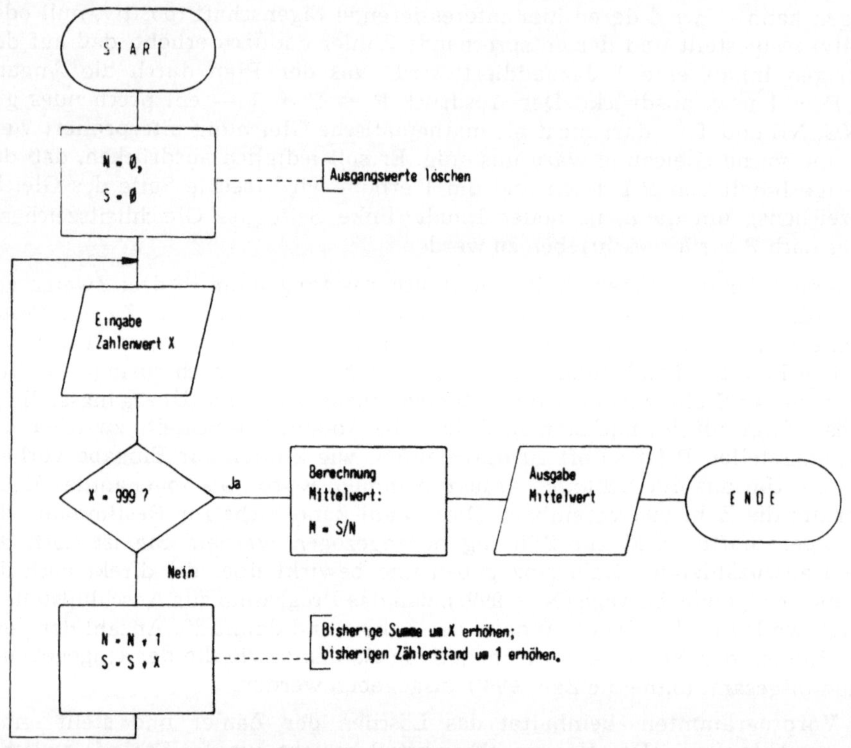


*Abb. 38: Programmablaufplan „Mittelwertberechnung"*

## c) Suchen in einer Datei

Im Programmablaufplan nach Abb. 39 sollen die unter einer bestimmten Artikelnummer gespeicherten Daten — ein sogenannter Satz — aus der Artikeldatei gelesen und ausgedruckt werden. Dazu muß zuerst der interessierende Satz gefunden werden. Nach Eingabe der gesuchten Artikelnummer wird in einer Schleife so lange der jeweils nächste Satz der Artikeldatei gelesen — gesteuert durch einen Satzzähler S, der zu Beginn gelöscht und dann bei jedem Schleifendurchlauf um eins erhöht wird — und dessen Artikelnummer mit der gesuchten Artikelnummer verglichen, bis hierbei Übereinstimmung besteht. Dann wird dieser Satz ausgedruckt und das Programm beendet. Ist auch nach dem Lesen des letzten Satzes der Artikeldatei keine Übereinstimmung erzielt worden, bedeutet dies, daß die Datei die gesuchte Artikelnummer nicht enthält. Das Programm wird hier nach Ausgabe einer entsprechenden Meldung ebenfalls beendet. Die Anzahl der Schleifendurchläufe hängt hier von der Placierung des gesuchten Satzes innerhalb der Datei ab.

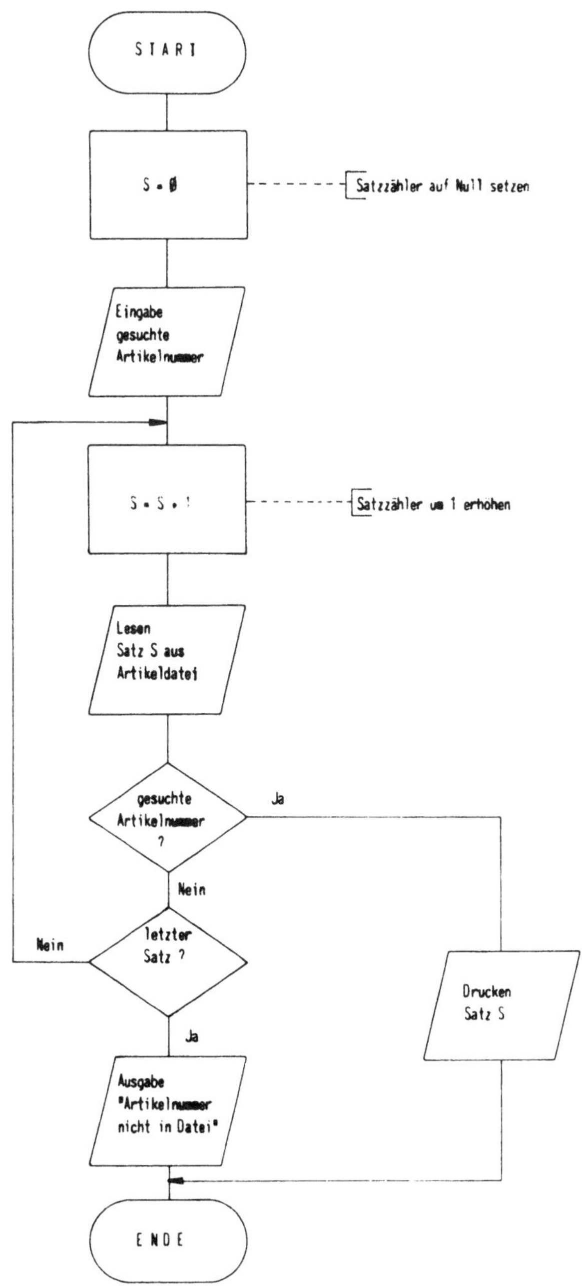


*Abb. 39: Programmablaufplan „Suchen in einer Datei"*

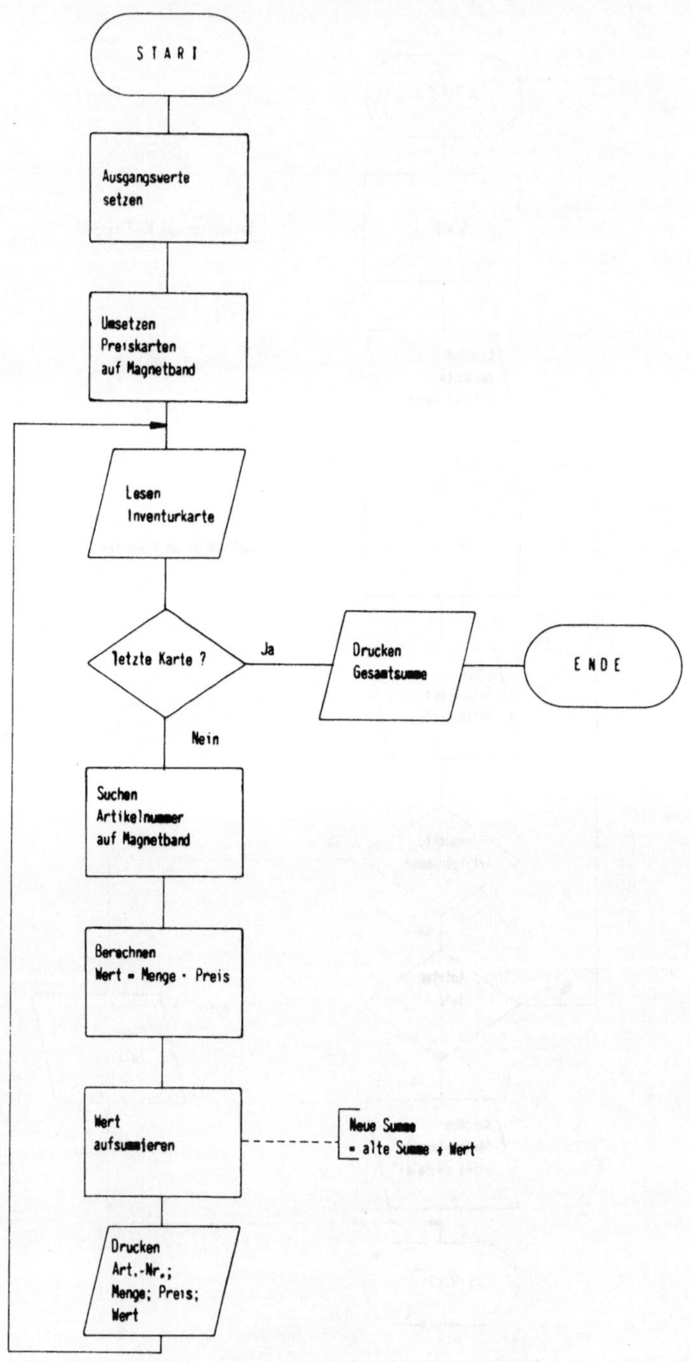



*Abb. 40: Programmablaufplan „Inventur"*

## f) Inventur

Im Programmablaufplan nach Abb. 40 werden, nachdem alle verwendeten Größen auf einen definierten Ausgangswert gebracht wurden, die Lochkarten mit den Angaben der Artikelpreise auf Magnetband umgesetzt. Die Inventurkarten enthalten die Artikelbestände. Am Ende des Inventurkartenstapels befindet sich eine sogenannte Endekarte, d. h. eine Lochkarte, deren Inhalt signalisiert, daß alle Inventurkarten schon gelesen wurden. Jedem Lesen einer Inventurkarte entspricht ein Schleifendurchlauf, bei dem auf dem Magnetband der Preis des entsprechenden Artikels gesucht, dieser zusammen mit der auf der Inventurkarte enthaltenen Menge zum Wert des entsprechenden Artikels verrechnet und die für die Inventurliste relevanten Angaben des jeweiligen Artikels ausgedruckt werden. Gleichzeitig werden innerhalb einer Schleife die Werte der einzelnen Artikel laufend aufsummiert, um nach dem Verlassen der Schleife sofort den Gesamtwert aller Artikel zusammen an den Schluß der Inventurliste drucken zu können.

## g) Rechnungsschreibung

Bei der Rechnungsschreibung nach Abb. 41 werden drei verschiedene Kartenarten, also Lochkarten verschiedenartigen Inhalts, verwendet. Kartenart 1Ø entspricht einer Artikelkarte. Jede Lochkarte enthält die für eine Rechnung relevanten artikelspezifischen Daten eines Artikels. Kartenart 2Ø entspricht einer Kundenkarte. Hier enthält jede Karte die für eine Rechnung relevanten kundenspezifischen Daten eines Kunden. Kartenart 99 entspricht der Endekarte. Auf jeder Karte ist die entsprechende Kartenart abgelocht. Der von diesem Programm zu verarbeitende Lochkartenstapel sei so gemischt und sortiert, daß hinter einer Kundenkarte alle für die Rechnung dieses Kunden erforderlichen Artikelkarten kommen. Die letzte Karte des Stapels ist die Endekarte. Nach jedem Einlesen einer Lochkarte wird deren Kartenart festgestellt.

Handelt es sich um eine Kundenkarte, so wird die Rechnung des vorherigen Kunden durch Drucken der Gesamtsumme usw. (Summenzeile) fertiggestellt, das Papier auf einen neuen Formularbeginn transportiert und die Adresse des neuen Kunden gedruckt. Bei jeder Artikelkarte wird eine sogenannte Postenzeile gedruckt, die die Rechnungsangaben eines Artikels enthält. Nach der Endekarte wird noch die Summenzeile des letzten Kunden gedruckt und dann das Programm beendet.

Im Programmablauf ist sichergestellt, daß bei einer Lochkarte, die keiner der drei Kartenarten entspricht, keinerlei Verarbeitung stattfindet, sondern sofort die nächste Lochkarte eingelesen wird. Dieser Fall darf eigentlich nie eintreten, da es aber denkbar ist, daß durch irgendeinen Fehler des Personals eine falsche Karte in den Lochkartenstapel kommt, muß vom Programm her auch dahingehend vorgesorgt werden.

Dieses Beispiel der Rechnungsschreibung zeigt das Problem des sogenannten **Gruppenwechsels,** das immer dann auftritt, wenn bei der Verarbeitung verschiedene Datensätze mit unterschiedlichen Gruppenbegriffen auftreten. Der

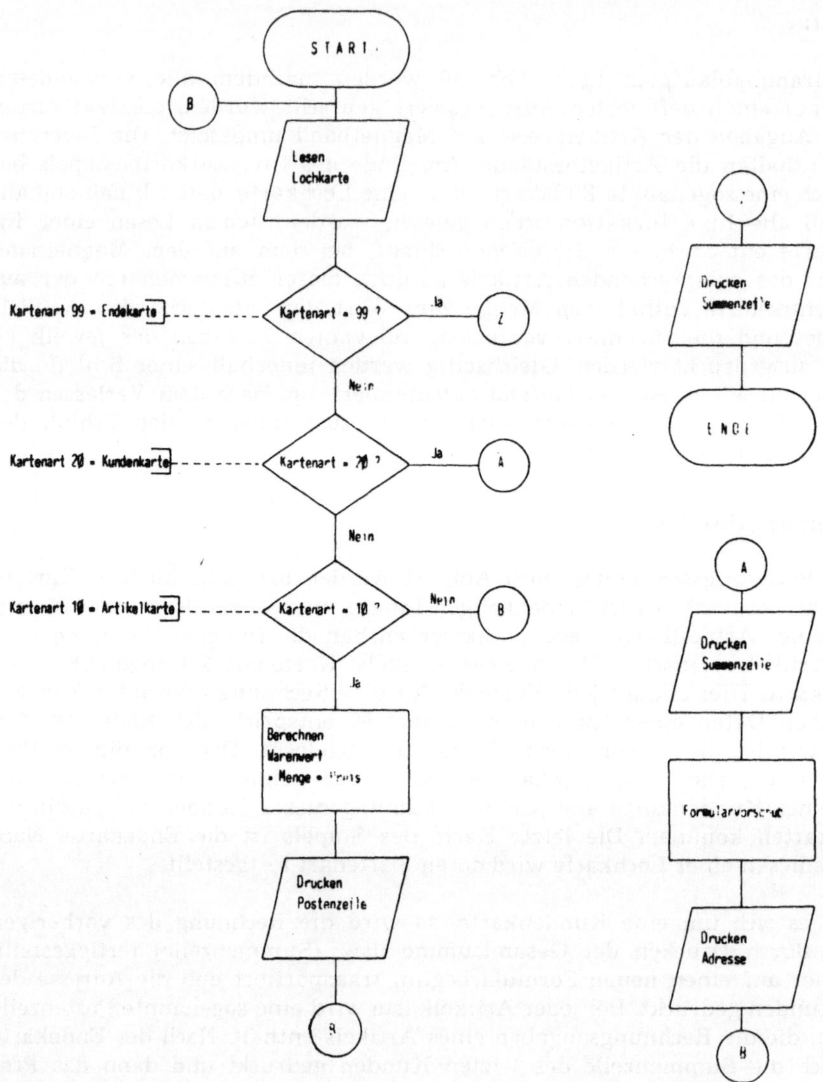


*Abb. 41: Programmablaufplan „Rechnungsschreibung"*

Gruppenbegriff — im Beispiel die Kartenart — weist jeden Satz als zu einer bestimmten Gruppe gehörig aus. Das Ende der Sätze mit einem bestimmten Gruppenbegriff (z. B. die letzte Artikelkarte) und der Beginn von Sätzen mit einem anderen Gruppenbegriff (z. B. die nächste Kundenkarte oder die Endekarte) wird als Gruppenwechsel bezeichnet. Ein solcher Wechsel löst immer bestimmte Funktionen aus; im Beispiel dergestalt, daß die Summenzeile für den vorherigen Kunden zu drucken ist und, je nachdem, ob ein Wechsel zu einer Kundenkarte oder zur Endekarte stattfindet, ein Formularvorschub sowie der

Druck der Adresse des neuen Kunden erfolgt oder das Programm beendet wird. Typisch für den Gruppenwechsel ist auch, daß u. U. erst das Erkennen einer neuen Gruppe zum Abschluß der alten Gruppe führt. Innerhalb einer Gruppe erfolgt generell die Verarbeitung in drei Phasen:
— Gruppeneröffnung; Verarbeitung des ersten Satzes einer Gruppe.
— Laufende Verarbeitung; Fortsetzung in derselben Gruppe.
— Gruppenabschluß; Abschließen der alten Gruppe durch Einlesen des ersten Satzes einer neuen Gruppe.

Die eventuell notwendigen Sonderbehandlungen durch den ersten Datensatz einer Gruppe sind bei den Programmablaufplänen immer zu berücksichtigen.

Am Ende dieser Beispiele für die Programmablaufpläne muß darauf hingewiesen werden, daß die Beispiele absichtlich sehr einfach gehalten wurden. Sie sollten in sich nicht zu umfangreich werden. Ziel war nicht die hundertprozentige Darstellung der jeweiligen Verarbeitungsschritte bis ins kleinste Detail, sondern das Kennenlernen der prinzipiellen Möglichkeiten zum Aufbau eines Planes.

Für den Programmablaufplan und für den Datenflußplan gilt, daß in der Praxis sowohl **Grobpläne** als auch **Feinpläne** erstellt werden. Grobpläne, die eine generelle Übersicht über die zu bewältigende Aufgabe und den Lösungsweg geben und Feinpläne, in denen alle Schritte bis hin zu den kleinsten Einzelheiten dargestellt werden.

Die Sinnbilder der Datenfluß- und Programmablaufpläne — für die es übrigens Z e i c h e n s c h a b l o n e n zur Erleichterung der Zeichenarbeit gibt — werden mit Bemerkungen versehen. Da aber an erster Stelle die Übersichtlichkeit eines Planes steht, sollten die einzelnen Sinnbilder nur möglichst knappe Beschriftungen enthalten.

**Fragen:**

93. Welche Bedeutung haben folgende Sinnbilder:

a)  b) 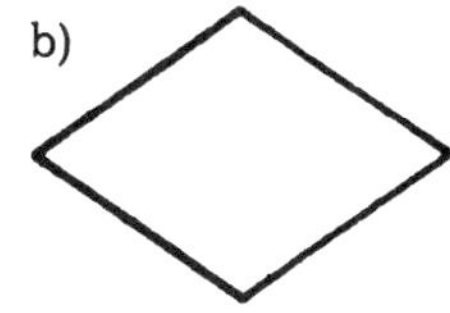

94. Welche Grundstrukturen lassen sich bei Programmen unterscheiden?

95. Was bedeutet innerhalb eines Programmablaufs ein „Zähler" und wie wird er realisiert?

96. Was versteht man unter einem Gruppenwechsel?

# III. Spezielle Verarbeitungstechniken

**Lernziel:**

> Sie sollen einige Möglichkeiten zur Aufteilung von Programmen kennen-
> lernen.

## 1. Unterprogramme

Ein Unterprogramm (Sinnbild im Programmablaufplan siehe Abb.) faßt jeweils
logisch zusammengehörige Befehle zur Lösung eines Sonderproblems oder einer
Teilaufgabe zu einem selbständigen Programmteil zusammen.

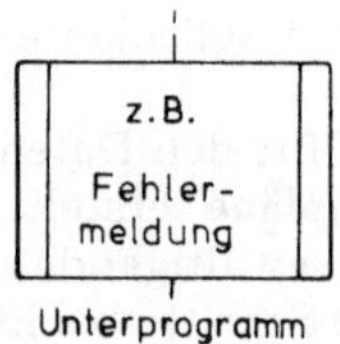


Es handelt sich um einen Funktionskomplex in Form einer geschlossenen Befehlsfolge, der, obwohl an verschiedenen Stellen eines Programmes benötigt,
doch nur ein einziges Mal programmiert und abgespeichert wird.

Unterprogramme lassen sich an jeder Stelle des Hauptprogramms einbauen und
können beliebig oft aufgerufen werden. Durch eine Sprunganweisung erfolgt
der Übergang vom Hauptprogramm zur ersten Anweisung des Unterprogramms.
Die letzte Anweisung des Unterprogramms ist wiederum eine Sprunganweisung
und bewirkt einen Rücksprung zu dem Befehl des Hauptprogrammes, der den
Programmablauf fortsetzt. Schematisch ist dies aus Abb. 42 ersichtlich.

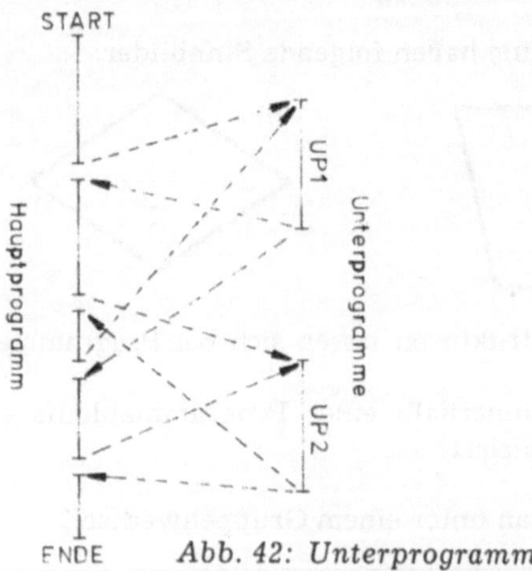


*Abb. 42: Unterprogramme*

Da der Sprung in ein Unterprogramm von jeder beliebigen Stelle des Hauptprogramms aus erfolgen kann, kann eine feste Rücksprungadresse im Programm nicht angegeben werden. Die Rücksprungstelle ins Hauptprogramm wird deshalb vom Computer automatisch beim Auftreten der Unterprogrammanweisungen registriert.

Unterprogramme lassen sich für die unterschiedlichsten Anwendungen einsetzen. Sie können Rechenformeln zur Lösung mathematischer Probleme, Prüfroutinen zur Fehlererkennung, Anweisungen zum Druck von Überschriften usw. enthalten.

Das Unterprogramm ist ein wichtiges Hilfsmittel zur Rationalisierung des Programmierens. Der Programmieraufwand wird erleichtert und die Größe eines Programmes wird reduziert.

## 2. Programmsegmentierung

Wenn ein Programm so umfangreich ist, daß dafür die Hauptspeicherkapazität einer DVA nicht ausreicht, so kann zunächst dieses Programm von der DVA nicht bearbeitet werden. Um nun ein solches umfangreiches Programm doch abwickeln zu können, bieten manche Betriebssysteme die Möglichkeit der Programmsegmentierung. Das Programm wird hierbei in mehrere Segmente aufgeteilt, von denen immer nur eines oder nur wenige den Hauptspeicher belegen, während die übrigen auf einem externen Speicher bereitstehen.

Meistens befindet sich ein Rumpfteil (der sogenannte hauptspeicherresidente Teil) des gesamten Programmes ständig im Hauptspeicher und die restlichen Segmente, die sich auf einem externen Speicher befinden, werden nur bei Bedarf in den Hauptspeicher gebracht. Wird ein solches Segment — man bezeichnet es auch als Überlagerungssegment oder Overlay — benötigt, so muß es erst durch das Rumpfprogramm vom externen Speicher in den Hauptspeicher geladen werden, bevor es funktionsfähig ist. Besonders solche Programmteile, die nur selten benötigt werden, werden als Segmente ausgelagert.

Moderne Betriebssysteme ermöglichen die Programmsegmentierung auf einfache Weise. Segmentieren bedeutet immer eine Verringerung des im Hauptspeicher benötigten Platzes. Werden die Segmente auf einem externen Speicher mit direktem Zugriff zwischengespeichert, so ergibt sich durch die Segmentierung praktisch keine Verlangsamung im Programmablauf.

## 3. Strukturierte Programmierung

*Unter dem Schlagwort „Strukturierte Programmierung" versteht man das Bestreben, die logische Struktur, die jedem Programm zugrunde liegt, in einer standardisierten Form darzustellen, dadurch einen größeren Aufgabenkomplex stufenweise in kleinere Teilaufgaben zu zerlegen und deren programmtechnische Realisierung möglichst formalisiert und normiert vorzunehmen.*

Dieser Idee liegt u. a. die Tatsache zugrunde, daß jedes Programm eine Variation dreier Grundstrukturen darstellt (siehe D II 2). In vereinfachter Form kann man die strukturierte Programmierung als Programmierung im Sinne des Baukastenprinzips verstehen. Jedes Teilproblem ist als Baugruppe zu realisieren. Durch Zusammenfügen einzelner Baugruppen nach Maßgabe des Gesamtproblems entsteht das Programm, das damit als strukturiertes Programm aus einer gewissen Anzahl standardisierter Baugruppen und aus Elementen zum Aufrufen und Verbinden dieser Baugruppen besteht. Im einzelnen kann hier auf die verschiedenen Probleme, Erfordernisse und Möglichkeiten der strukturierten Programmierung nicht eingegangen werden. Tatsache ist aber, daß durch die strukturierte Programmierung die Testphase verkürzt und die Dokumentation sowie eine eventuell notwendige Änderung von Programmen erleichtert wird. Die Aufgabenstellung und das Problem müssen wohl zunächst äußerst gründlich durchdacht werden, doch gewinnt dadurch der logische Aufbau des Programmes an Übersichtlichkeit und Klarheit, was wiederum der Verbesserung der Kommunikation dient.

**Fragen:**

97. Welche Bedeutung hat das Unterprogramm?

98. Wie kann eventuell ein Programm, dessen Umfang für die Hauptspeicherkapazität eines Computers zu groß ist, doch von diesem Computer bearbeitet werden?

# E. Sonderprobleme bei der ADV-Organisation

In diesem Kapitel werden Probleme und Begriffe angesprochen, die in der modernen Datenverarbeitung entstanden sind durch die Notwendigkeit der Eingabesicherung, der Sicherung vor ungewollter Zerstörung von Daten bzw. der Neugewinnung zerstörter Daten, des Schutzes vor dem Zugriff zu Daten von dazu nicht berechtigten Personen, der Verwendung externer Großspeicher und des Aufbaus von Systemen aus vielen Großspeichern, die z. B. alle Daten einer Wirtschaftseinheit enthalten. Es ist dabei. nicht möglich, diese verschiedenen Probleme ausführlich zu behandeln bzw. detaillierte Realisierungsmöglichkeiten aufzuzeigen. Doch sollen neben der Bedeutung der Begriffe vor allem die für den Anwender der ADV wichtigen und mit diesen Begriffen zusammenhängenden Problematiken erläutert werden.

## I. Prüfziffern

**Lernziel:**

> Sie sollen den Zweck von Prüfziffern und die Methodik zur Berechnung von Prüfziffern kennenlernen.

Zur Kennzeichnung und zur Verarbeitung von Datenbeständen sind Ordnungsbegriffe notwendig, welche in der ADV überwiegend aus numerischen Zeichen aufgebaut sind (Personalnummer, Artikelnummer, Bankleitzahl, Versicherungsnummer usw.). Die ADV wird nur dann zu fehlerfreien Ergebnissen kommen, wenn diese numerischen Ordnungsbegriffe richtig eingegeben werden. Dabei ist festzustellen, daß gerade bei numerischen Ordnungsbegriffen gerne Eingabefehler auftreten. Am häufigsten ist hierbei die Verfälschung einer einzelnen Ziffer in eine andere, ein sogenannter **Einzelfehler.** Weniger häufig ist die Vertauschung zweier benachbarter Ziffern, der sogenannte **Drehfehler.** Die dritte Fehlerart ist der **Formatfehler,** der dann entsteht, wenn zu wenig oder zu viel Ziffern eingegeben werden.

Einzelfehler machen etwa 80 %, Drehfehler etwa 6 % und Formatfehler etwa 10 % der Eingabefehler aus. Der Rest teilt sich auf weitere, weniger wichtige Fehlerarten auf. Eine Überprüfung der numerischen Ordnungsbegriffe muß sich vor allem gegen die drei angeführten Fehlerarten richten. Dabei ist eine manuelle Prüfung zu personalintensiv und damit zu kostspielig. Also werden maschinelle Erkennungsverfahren verwendet.

Gegen Formatfehler schützt die Vereinbarung auf eine gleichbleibende Stellenzahl des Ordnungsbegriffes. Ein Abweichen von dieser Stellenzahl wird vom Computer leicht erkannt. Ist die Forderung nach gleichbleibender Stellenzahl nicht zu erfüllen, so sollte eine Vereinbarung auf entweder gerade oder ungerade Stellenzahl des Ordnungsbegriffes getroffen werden, da dann der Verlust oder das Hinzukommen einer einzigen Ziffer auch mit Sicherheit feststellbar ist.

Zum Erkennen der übrigen Fehlerarten hilft eine sogenannte Prüfziffer. Sie errechnet sich an Hand eines bestimmten Verfahrens aus der zunächst vorgegebenen Nummer, wird an diese angehängt und bildet dann als ein fester Bestandteil zusammen mit der Nummer den eigentlichen Ordnungsbegriff. Nach der Eingabe des Ordnungsbegriffes (Nummer + Prüfziffer) prüft der Computer die Rechnung nach. Er berechnet dazu die Prüfziffer nach demselben Verfahren und vergleicht sie mit der eingegebenen Prüfziffer. Wenn bei der Eingabe ein Fehler vorgekommen ist, stimmen eingegebene und erneut berechnete Prüfziffer nicht überein, woraus der Computer die Existenz eines Fehlers ableitet und über eine entsprechende Meldung den Anwender veranlaßt, den Ordnungsbegriff zu korrigieren. Fehler lassen sich dadurch wohl nicht mit absoluter Sicherheit, jedoch zum allergrößten Teil vermeiden. Die verschiedenen entwickelten Berechnungsverfahren berücksichtigen jeweils bestimmte Anwendungsgebiete mit deren typischen Fehlern und unterscheiden sich im Sicherheitsgrad. In der Praxis haben sich sogenannte „Modulo-Verfahren" durchgesetzt, wobei es aber jedem Anwender freisteht, eigene Verfahren zu entwickeln.

Im weiteren soll das Prinzip der **Modulo-Verfahren** näher erläutert werden. Dabei ist notwendig, daß dem Ordnungsbegriff eine feste, gleichbleibende Stellenzahl zugeordnet wird. Jede Ziffer der Nummer wird mit einem bestimmten Faktor — dem Gewicht ihrer Stelle — multipliziert und die Summe aller dieser Produkte gebildet. Dabei ergibt sich als Summe in den meisten Fällen eine Zahl mit mehreren Ziffern. Um eine einzige Prüfziffer zu erhalten, wird diese Summe durch eine bestimmte Zahl, den „Modul", dividiert, wobei der bei der Division verbleibende Teilungsrest oder die Differenz zwischen Modul und Teilungsrest die Prüfziffer darstellt. Die Modulo-Verfahren basieren also auf den G e w i c h t e n und einem M o d u l, wobei der Modul dem jeweiligen Verfahren seinen Namen gibt. Bekannt sind hierbei vor allem das Modulo-10- und das Modulo-11-Verfahren, also Verfahren, bei denen die Summe der gewichteten Ziffern durch 10 bzw. durch 11 dividiert wird.

In einem Beispiel soll die Prüfziffer nach dem Modulo-10-Verfahren für die Kundennummer 431 785 berechnet werden. Als Gewichte werden die Faktoren 1 und 2 in der Form verwendet, daß alle ungeraden Stellenwerte mit 2 und alle geraden Stellenwerte mit 1 multipliziert werden (hierbei werden teilweise auch andere Gewichte verwendet, z. B. von der Einerstelle der Nummer ausgehend, die Faktoren 1, 3, 9, 7, 1, 3, ...). Bei der Berechnung geht man wie folgt vor:

— Multiplikation jeder Ziffer mit ihrem Gewicht,

— Addition der Produkte,

— Division der Summe der Produkte durch 10 und Feststellung des Divisionsrestes,

— der Divisionsrest selbst oder die Differenz dieses Restes zu 10 (weil 10 der Modul ist) ist die Prüfziffer.

**Beispiel:**

```
Kunden-Nr.   431785
Ziffer n        4    3    1    7    8    5
Gewicht f       1    2    1    2    1    2
Produkt n · f   4    6    1   14    8   10
                4  + 6  + 1 + 14  + 8 + 10  =  43

Summe: Modul   =   Quotient (Ganzzahlteil und Rest)
  43    :  10   =                4         Rest 3
```

Als Prüfziffer soll hier der Divisionsrest direkt verwendet werden; die Prüfziffer ist damit 3 und der Ordnungsbegriff insgesamt besteht aus der Ziffernfolge 4317853.

Auch wenn zunächst die Kundennummer nur sechsstellig war, muß vom Anwender immer der siebenstellige Ordnungsbegriff in Zusammenarbeit mit dem Computer verwendet werden. Für den Computer existiert nur dieser siebenstellige Ordnungsbegriff.

Wird nun statt des geforderten Ordnungsbegriffes z. B. die Ziffernfolge 4137853 (Drehfehler!) eingegeben, so ergibt sich bei der Berechnung des Teilungsrestes an Hand der ersten sechs eingegebenen Ziffern nach demselben Modulo-10-Verfahren ein Wert von 1, der mit der angegebenen Prüfziffer 3 nicht übereinstimmt und deshalb auf einen Fehler im eingegebenen Ordnungsbegriff hindeutet. Entsprechend wäre bei der Eingabe von 4377853 (Einzelfehler) der Teilungsrest 9, so daß auch hier durch Vergleich mit der geforderten Prüfziffer 3 ein Eingabefehler erkannt wird.

Kein Prüfziffernverfahren läßt hundertprozentig alle Eingabefehler erkennen. So werden z. B. beim angeführten Verfahren Drehfehler über drei Stellen der Form 314 statt 413 oder — allerdings abhängig von der Zuordnung der Gewichte — auch Fehler der Form 535 statt 353 nicht erkannt. Die verschiedenen Modulo-Verfahren dienen jeweils der gezielten Erkennung von für ein bestimmtes Aufgabengebiet typischen Eingabefehlern.

Auf Grund der Rechenkapazität der DVA ist die Anwendung von Prüfverfahren bei der direkten Datenerfassung unproblematisch. Aber auch bei der indirekten Datenerfassung werden vielfach Modulo-Verfahren durch Verwendung von Zusatzeinrichtungen bei den Erfassungsgeräten (Kartenlocher, Diskettengerät usw.) eingesetzt, damit ein fehlerhafter Ordnungsbegriff gar nicht erst in die Datenverarbeitungsanlage gelangt. Durch die Verwendung vorgeprüfter Daten werden Störungen bei der Verarbeitung im Computer vermieden.

# II. Datensicherung

**Lernziel:**

Sie sollen einige Maßnahmen gegen den Verlust von Daten kennenlernen.

Der Begriff der Datensicherung wird in zweifacher Hinsicht verwendet. Zum einen versteht man darunter das Erkennen und Korrigieren von Übertragungsfehlern bei der Datenübertragung, die auf Grund von Störungen in den Datenübertragungsleitungen auftreten. Da diese Problematik nicht in den direkten Zuständigkeitsbereich des ADV-Benutzers fällt, soll hier nicht weiter darauf eingegangen werden.

Zum anderen versteht man unter der Datensicherung Maßnahmen gegen den Verlust von permanent gespeicherten Daten.

*Bei der Datensicherung werden Vorkehrungen gegen den Verlust von Daten getroffen.*

Bei einem Stromausfall muß gewährleistet sein, daß nicht irgendwelche momentan in der Verarbeitung befindlichen Daten externer Speicher verlorengehen. Über sogenannte Strompuffer und gesteuert vom Betriebssystem werden die in der DVA begonnenen Operationen noch zu Ende geführt und die Daten auf permanente Speicher zurückgeschrieben. Für diese Maßnahmen hat der Computerhersteller Sorge zu tragen.

In den Zuständigkeitsbereich des ADV-Benutzers fällt die Sicherung vor ungewolltem Überschreiben bzw. Löschen gespeicherter Daten. Dazu gibt es z. B. die Möglichkeit des sogenannten **Schutzcodes** (protection-code), der verhindert, daß eine Datei insgesamt gelöscht wird. Dieser Schutzcode kann wohl vom Anwender außer Kraft gesetzt werden, doch verhindert er zumindest ein unbeabsichtigtes Löschen auf Grund z. B. eines Bedienungsfehlers. Über den sogenannten „persönlichen Code" wird erreicht, daß nur bei Kenntnis dieses Codes ein Zugriff zu gewissen Datenbeständen erfolgen kann. Ein **persönlicher Code** sorgt neben der Sicherung gegen den Verlust von Daten auch für einen gewissen Datenschutz (siehe nächster Abschnitt). Die Verwendung eines Schreibringes beim Magnetband (siehe A V 1 c)) verhindert ein Beschreiben des Bandes und ist somit ebenfalls eine Maßnahme zur Datensicherung.

Zu den Aufgaben der Datensicherung gehören weiterhin Vorkehrungen, um gelöschte Daten, die wegen z. B. einer teilweise zerstörten Magnetschicht eines Magnetschichtspeichers nicht mehr alle lesbar sind, wiederzugewinnen. Diese Sicherung, die ebenfalls in den Zuständigkeitsbereich des Anwenders fällt, geschieht am besten durch Aufbewahrung eines Duplikats des Speicherinhaltes. Ob hierbei die Speichermedien von Originaldatei und Duplikat übereinstimmen oder nicht, spielt keine Rolle. Entscheidend ist, daß wenn nun mal Daten einer Datei verlorengegangen sind, diese über das Duplikat doch noch zur Verfügung stehen. Auch die Aufbewahrung der Erfassungsbelege oder der zur Dateneingabe verwendeten Datenträger würde dies — wenn auch auf umständliche Weise — zulassen. Sehr häufig dupliziert man Speicherinhalte auf Lochstreifen oder Magnetbänder, die dann lediglich zur Datensicherung u. U. in feuersicheren Schränken aufbewahrt und im Normalfall nie eingesetzt werden.

Speziell bei der Fortschreibung von Magnetbanddateien (siehe auch Abb. 33) wird für die Datensicherung die sogenannte „Vater-Sohn"-Technik angewendet. Die aktualisierte neue Banddatei stellt den „Sohn" dar, das Ursprungsband, die alte fortzuschreibende Datei also den „Vater". Zur Datensicherung wird jeweils das „Vater"-Band aufbewahrt, da mit ihm zusammen mit den Datenträgern der neu hinzugekommenen Daten bei Verlust des „Sohn"-Bandes eine eindeutige Rekonstruktion der aktuellen Datei möglich ist. Erst wenn bei einer weiteren Fortschreibung das „Vater"-Band quasi zum „Großvater"-Band wird, kann es überschrieben bzw. gelöscht und als Datenträger für die neue „Sohn"-Datei verwendet werden.

# III. Datenschutz

**Lernziel:**

Sie sollen den Begriff und die Problematik des Datenschutzes kennenlernen.

Technischen Entwicklungen stehen oftmals auch negative Folgen entgegen. Bei der modernen ADV drückt sich dies z. B. in der Gefahr des Mißbrauchs und der unerlaubten Manipulation von Daten aus.

*Der Datenschutz hat die Aufgabe, Daten vor Zweckentfremdung und Miß-*
*brauch zu schützen.*

Dieser Schutz bezieht sich auf personenbezogene Daten genauso wie auf Daten über Geschäfts-, Berufs- und Amtsgeheimnisse. Unter personenbezogenen Daten versteht man dabei Daten, die sich auf die persönlichen und sachlichen Verhältnisse von Personen beziehen.

Die Maßnahmen für einen wirksamen Datenschutz liegen zum einen im organisatorisch-technischen und zum anderen im gesetzgeberischen Bereich. Durch organisatorisch-technische Maßnahmen müssen Sicherungssysteme geschaffen werden, die den unberechtigten und mißbräuchlichen Zugriff zu Daten verhindern. Durch gesetzgeberische Maßnahmen muß der Mißbrauch bei der Verarbeitung von Daten unter Strafe gestellt werden.

In der Bundesrepublik Deutschland ist seit dem 1. Januar 1978 das „Gesetz zum Mißbrauch personenbezogener Daten bei der Datenverarbeitung (Bundesdatenschutzgesetz — BDSG)" in Kraft. Dieses Gesetz ist anzuwenden von den Behörden und öffentlichen Stellen des Bundes und im privatwirtschaftlichen

Bereich, wenn personenbezogene Daten natürlicher Personen in Dateien verarbeitet (gespeichert, verändert, gelöscht oder übermittelt) werden und zwar unabhängig davon, ob die Verarbeitung automatisiert oder nicht automatisiert stattfindet. Im BDSG werden organisatorisch-technische Schutzmaßnahmen gefordert, die wohl nicht weiter konkretisiert sind, für deren Wirkung es aber in der Anlage zu § 6 Abs. 1 Satz 1 zehn verschiedene Kontrollarten nennt.

Der Schutz von personenbezogenen Daten wird im BDSG realisiert durch

— Rechte des Bürgers (Auskunftsrecht, Recht auf Berichtigung, Recht auf Sperrung, Recht auf Löschung), auf Grund derer er verlangen kann, daß über ihn keine falschen Daten bzw. keine Daten unzulässigerweise gespeichert werden;
— die Pflicht jeder speichernden Stelle, im Einzelfall zu prüfen, ob die Verarbeitung personenbezogener Daten zulässig ist;
— die Pflicht jeder Institution, die personenbezogene Daten verarbeitet, Maßnahmen zu treffen, durch die der Mißbrauch von Daten verhindert wird;
— die Überwachung der Durchführung des Datenschutzes durch sogenannte Datenschutzbeauftragte.


# IV. Speicherorganisation

**Lernziel:**

Sie sollen Möglichkeiten zur sinnvollen Unterbringung von Datenbeständen auf externen Speichern kennenlernen.

Die Datei ist der Sammelbegriff für alle unter einem bestimmten Gesichtspunkt zusammengehörigen Daten. Daten bestehen aus Z e i c h e n. Mehrere Zeichen mit einer bestimmten Sinneinheit (Name, Wohnort, Personalnummer usw.) bilden ein F e l d. Zu einer Begriffseinheit zusammengefaßte Felder ergeben den S a t z. Alle gleichartigen Sätze werden zu einer D a t e i zusammengefaßt. Diese Abstufung der Daten von dem Zeichen über das Feld und den Satz zur Datei bezeichnet man als **Datenhierarchie.**

Dateien können auf externen Speichern nach verschiedenen Organisationsformen aufgebaut werden, wobei jeweils die Frage nach dem Auffinden eines bestimmten Datensatzes und damit das Problem der A d r e s s i e r u n g entscheidend ist. Es gibt adressierbare Speicher (Speicher mit direktem Zugriff) und nichtadressierbare Speicher (Speicher mit Reihenfolgezugriff). Die Organisationsformen zur Speicherung von Datenbeständen auf externen Speichern lassen sich unterscheiden in:
— sequentielle Speicherorganisation,
— gestreute Speicherorganisation,
— Index-sequentielle Speicherorganisation,
— gekettete Speicherorganisation.

Bei der **sequentiellen Speicherorganisation** erfolgt keine Adressierung. Die Sätze werden hintereinander fortlaufend und lückenlos abgespeichert. Der Speicherplatzbedarf ist vergleichsweise gering. Die zu speichernden Sätze sind im allgemeinen bezüglich des Ordnungsbegriffs sortiert. Der typische Speicher hierfür ist das Magnetband.

Die **Index-sequentielle Speicherorganisation** ist nur bei adressierbaren Speichern möglich. Die Datei besteht aus dem Indexbereich und dem eigentlichen Datenbereich. Im I n d e x b e r e i c h erfolgt die Zuordnung der Ordnungsbegriffe zu den Speicheradressen. Ein Index gibt zu einem Ordnungsbegriff die Speicheradresse des Datensatzes mit diesem Ordnungsbegriff an. Der Indexbereich stellt also eine Art Inhaltsverzeichnis dar. Der D a t e n b e r e i c h entspricht dem der sequentiellen Speicherungsform. Vorteile der Index-sequentiellen Organisation sind, daß die Möglichkeit des direkten Zugriffs besteht und daß die Daten nicht sortiert sein müssen.

Bei der **gestreuten Speicherorganisation** wird aus dem Ordnungsbegriff des Datensatzes durch ein Umrechnungsverfahren die Speicheradresse des Datensatzes ermittelt. Die Zuordnung vom Ordnungsbegriff zum Speicherplatz erfolgt also nicht durch eine Tabelle, sondern durch Berechnung. Sollte im Ausnahmefall der Nummernkreis des Ordnungsbegriffes mit dem für die Speicherung bereitgestellten Adressenkreis übereinstimmen, ist eine Umrechnung nicht notwendig, da dann jeder Ordnungsbegriff gleichzeitig als Adresse genommen werden kann. Im Normalfall muß jedoch umgerechnet werden, wobei mehrere Methoden existieren, auf die aber hier nicht eingegangen werden kann. Der Vorteil dieses Verfahrens liegt in einem direkten schnellen Zugriff ohne Indexbereich.

Über sogenannte Kettadressen wird der Speicherplatz bei der **geketteten Speicherorganisation** bestimmt. Die Kettadresse (auch Verweisadresse oder Zeiger genannt) verweist innerhalb eines Datensatzes auf den Speicherplatz eines anderen Satzes. Dadurch werden Sätze, auch wenn sie nicht hintereinander stehen, miteinander verkettet. Bei der e i n f a c h e n V e r k e t t u n g wird nur mit den Nachfolgern verkettet. Bei der d o p p e l t e n V e r k e t t u n g enthält ein Datensatz sowohl eine Kettadresse für den Nachfolgersatz als auch eine Kettadresse für den Vorgängersatz. Wenn vom letzten Satz der Kette eine Verweisadresse auf den ersten Satz erfolgt, spricht man von einer geschlossenen Kette. Da durch die im Datensatz verankerten Kettadressen der weitere mögliche Zugriff bestimmt wird, spricht man hier von einer beschränkt direkten Zugriffsart.

# V. Datenbanken

**Lernziel:**

Sie sollen den Begriff der Datenbanken kennenlernen.

Eine umfassende Sammlung von Dateien, die z. B. alle Daten einer Wirtschaftseinheit (Banken, Verwaltung, Industrie- oder Handelsunternehmen) oder alle
relevanten medizinischen Daten eines geographischen Gebiets enthält und die
über ein sogenanntes Datenverwaltungssystem zur Dateiwartung, Datenauswahl,
Sortierung und ähnliches bearbeitet wird, bezeichnet man als Datenbank.

Daten unterschiedlichster Struktur sind hier nur einmal gespeichert und müssen
von verschiedenen Programmen nach den verschiedensten Kriterien abgerufen
werden können. Der Vorteil einer Datenbank liegt darin, daß die Daten von
allen Anwendern genutzt werden können, auch wenn sie vielleicht nur von
einem einzigen Anwender gewonnen wurden. Notwendig ist ein schneller Zugriff zu den Beständen der verschiedenen Dateien. Datenbanken bilden die
Grundlage für die sogenannten Informationssysteme.

**Fragen:**

99. Nach welchem Prinzip funktioniert das Überprüfen numerischer
Ordnungsbegriffe an Hand von Prüfziffern?

100. Wie nennt man die in der Praxis am meisten verwendeten Prüfzifferverfahren?

101. Wie unterscheidet sich die Problematik des Datenschutzes von der
der Datensicherung?

102. Was versteht man unter dem Begriff der Datenhierarchie?

103. Welche Organisationsformen zur Speicherung von Datenbeständen
auf externen Speichern unterscheidet man?

104. Welcher Unterschied besteht zwischen der index-sequentiellen und
der gestreuten Speicherorganisation?

105. Was ist eine Datenbank?

**Antworten zu den Fragen:**

1. Stammdaten sind beständiger als Bewegungsdaten. Das bedeutet, daß sie im Normalfall über längere Zeit hinweg keiner Veränderung unterworfen sind, wogegen bei Bewegungsdaten mit einer laufenden Veränderung gerechnet werden muß.

2. ADV bedeutet „Automatisierte Datenverarbeitung". Man versteht darunter die Tatsache, daß Daten, nachdem sie in die DVA eingegeben sind, auf Grund einer Arbeitsvorschrift (Programm) ohne weiteren menschlichen Eingriff automatisch weiterverarbeitet werden.

3. Datenverarbeitungsanlagen nehmen die Aufbereitung und die Auswertung von Daten vor, d. h. sie setzen Daten um, worunter man nicht nur das Durchführen von Berechnungen, sondern auch das Abspeichern und das Vergleichen von Daten versteht.

4. Die typisch kommerzielle Datenverarbeitung ist stark ein-/ausgabeintensiv und wenig rechenintensiv im Gegensatz zur technisch-wissenschaftlichen Datenverarbeitung, die stark rechenintensiv und wenig ein-/ausgabeintensiv ist.

5. Jedem Einsatz der Datenverarbeitung liegt als generelles Ziel eine Erhöhung der Wirtschaftlichkeit und der Rentabilität zugrunde.

6. An Aufgabenbereichen unterscheidet man zum einen den der Rechnung und zum anderen den der Zuordnung.

7. EVA bedeutet „Eingabe — Verarbeitung — Ausgabe". Man versteht unter dem EVA-Prinzip die Tatsache, daß die zu verarbeitenden Daten zuerst eingegeben, dann verarbeitet und anschließend die Ergebnisse der Verarbeitung ausgegeben werden.

8. Die Peripherie dient zur Daten-Ein- und -Ausgabe, zur Datenübertragung und zur Datenspeicherung. Alle Geräte außerhalb der Zentraleinheit gehören zur Peripherie.

9. Unter Software versteht man die Gesamtheit aller Programme.

10. Systemprogramme sind zum Betrieb eines Computers notwendig. Die Steuerprogramme als ein Teil der Systemprogramme sorgen für eine Kontrolle und Koordinierung der verschiedenen Gerätekomponenten. Die Arbeitsprogramme als der andere Teil der Systemprogramme ermöglichen einen reduzierten Eigenprogrammieraufwand für viele Aufgaben und unterstützen die Arbeit mit den verschiedenen Geräten.

11. An Hauptkomponenten unterscheidet man: Hardware, Software, Brainware und Firmware.

12. Eingabegeräte, Zentraleinheit und Ausgabegeräte bezeichnet man als Grundbausteine einer Datenverarbeitungsanlage.

13. In der Zentraleinheit findet die eigentliche Verarbeitung der Daten statt.

14. Unter Datei versteht man die Gesamtheit aller für eine bestimmte Aufgabe oder unter einem bestimmten Gesichtspunkt zusammengestellten und zusammengehörigen Daten.

15. Ein Computer kann nicht denken. Durch die Speicherungsmöglichkeit kann er sich Daten wohl quasi merken, aber lernen in Form einer schöpferischen Denktätigkeit ist für den Computer unmöglich.

16. Für die kommerzielle Datenverarbeitung wird nur der Digitalrechner eingesetzt.

17. Der Hybrid-Rechner stellt eine Verbindung von Digital- und Analogrechner dar.

18. Der Prozeßrechner hat dem Prozeß zu folgen. Von verschiedenen Stellen des Prozesses werden Daten angeliefert. Unvermittelt und vom Menschen nicht beeinflußbar werden von Ereignissen oder Zuständen des Prozesses Programme gestartet und andere Programme unterbrochen. Beim sogenannten Rechenzentrums-Rechner dagegen gibt nur der Mensch Daten ein, und nur er bestimmt den Zeitpunkt der Verarbeitung.

19. MDT bedeutet „Mittlere Datentechnik". Der vorwiegende Einsatzbereich liegt im kommerziellen Bereich bei mittleren und kleineren Betrieben. MDT-Computer haben ein günstiges Preis-Leistungs-Verhältnis. Das Umstellungsrisiko beim Übergang auf MDT ist gering; vorhandene Methoden und Arbeitsmittel können meistens beibehalten werden.

20. Unter den Begriff Small-Business-Systems fallen Minicomputer und MDT-Computer. Ein Unterschied besteht darin, daß Minicomputer sich aus dem Prozeßrechnerbereich heraus entwickelt haben, wogegen Anlagen der MDT aus dem kommerziellen Bereich kommen. Weiterhin wird auf dem Minicomputermarkt im Gegensatz zum MDT-Markt üblicherweise keine Anwendungs-Software angeboten.

21. Die Datenerfassung ist ein arbeitsintensiver und weitgehend manueller Arbeitsgang, der sich nicht voll automatisieren läßt. Zwischen die Daten und den Verarbeitungsprozeß muß zur Datenerfassung der Mensch eingeschaltet werden, wobei ein gewaltiger Unterschied zwischen der Eingabegeschwindigkeit des Menschen und der Verarbeitungsgeschwindigkeit des Computers besteht.

22. Man unterscheidet zwischen den peripheren und den internen Prüftechniken. Bei den peripheren Prüftechniken werden Daten vor Weitergabe an die DVA auf Richtigkeit überprüft. Bei den internen Prüftechniken geschieht dies, nachdem die Daten schon in der Zentraleinheit sind.

23. Maßnahmen zur Fehlerverringerung sind:
— intensive und regelmäßige Schulung des mit der Datenerfassung befaßten Personals,
— ständige Kontrollen und Fehlerhinweise,
— Schaffung von Anreizen,
— Schaffung von optimalen Arbeitsbedingungen.

24. Innerhalb des eigentlichen Verarbeitungsprozesses sind sowohl der personelle als auch der finanzielle und der zeitliche Aufwand im letzten Jahrzehnt zurückgegangen, wogegen bei der Datenerfassung der zeitliche und der personelle Aufwand praktisch gleich geblieben sind, der finanzielle Aufwand sogar angestiegen ist.

25. Man unterscheidet die Phasen:
— Erkennen,
— Bilden,
— Fixieren,
— Umwandeln.

26. Ein On-line-Gerät kann nur in Verbindung mit einem Computer betrieben werden. Ein Off-line-Gerät wird getrennt von einem Computer betrieben.

27. Unter „indirekter Datenerfassung" versteht man die Erfassung auf einem maschinell lesbaren Datenträger. Vorteile dieser Methode sind, daß die DVA dabei besser ausgenutzt wird und sich die Möglichkeit der „EDV außer Haus" bietet. Als Nachteile lassen sich die relativ langen Abfertigungszeiten und die vorhandene Gefahr des Verlustes der Datenträger anführen.

28. Maschinelle Direktlesung oder Belegverarbeitung bedeutet, daß vom Urbeleg aus sofort der Datenträger, dessen Inhalt sowohl vom Menschen als auch vom Eingabegerät des Computers gelesen werden kann, erstellt wird. Erfassungsbeleg und Datenträger sind nicht zwei getrennte Dinge; sie fallen zusammen.

29. Die Erstellung von Lochkarten erfordert einen großen Zeit- und Kostenaufwand, wobei gelochte Karten nicht mehr mit anderen Daten versehen werden können. Die Lochkarte hat wegen der festen Spaltenzahl meist ungenutzte Kapazitäten und benötigt in Folge der geringen Zeichendichte verhältnismäßig viel Platz. Die Arbeitsgeschwindigkeit mit Lochkarten ist relativ gering.

Verwendet werden Lochkarten trotzdem, weil sie einerseits leicht selektiert und sortiert und andererseits leicht in einen vorhandenen Datenbestand eingegliedert werden können. Weiterhin ist eine Lochkarte in gewissem Maße der manuellen Verarbeitung zugänglich. Immer dann ist die Lochkarte von besonderem Vorteil, wenn die Möglichkeit bestehen soll, bei Bedarf auch manuell in den Ablauf der EDV einzugreifen.

30. Ein Feld wird aus mehreren inhaltlich zusammengehörigen Zeichen gebildet (z. B. Artikel-Nr. oder Artikel-Bezeichnung). Ein Satz besteht aus mehreren Feldern und enthält alle unter einem bestimmten Ordnungsbegriff notwendigen Angaben (ein Artikel-Satz enthält z. B. alle für einen Artikel unter dem Ordnungsbegriff der Artikel-Nr. notwendigen weiteren Angaben wie Artikel-Bezeichnung, Preis, Mengeneinheit usw.). Die Gesamtheit aller, im konkreten Inhalt wohl verschiedener, aber von der Sache her zusammengehöriger Sätze bildet die Datei (die Artikel-Datei z. B. besteht aus allen Artikelsätzen).

31. Verbundkarten sind Lochkarten, die neben der Funktion des Datenträgers auch noch die eines Belegs haben.

32. Datenträger mit Magnetschrift haben im Gegensatz zu Datenträgern mit Lochschrift die Eigenschaft, mehrmals Daten aufnehmen zu können.

33. Beim Magnetband blockiert ein fehlender Schreibring den Schreibmechanismus, läßt nur ein Lesen der abgespeicherten Daten zu und bietet somit eine Sicherung vor unbeabsichtigtem Überschreiben der Daten. Nur mit dem in eine Nut der Magnetbandspule eingelegten Ring kann das Band beschrieben werden.

34. Eine Plattenoberfläche in sich wird in Spuren eingeteilt, die sich in Sektoren unterteilen lassen. Alle bei einem Plattenstapel übereinanderliegenden Spuren der verschiedenen Plattenoberflächen werden zu Zylindern zusammengefaßt.

35. Die Zugriffszeit setzt sich aus der sogenannten Positionierungszeit und der sogenannten Dreh-/Wartezeit zusammen.

36. Um die Positionierungsvorgänge auf ein Minimum zu beschränken, werden zusammengehörige Daten auf untereinanderliegenden Spuren des gleichen Zylinders abgespeichert.

37. Beim seriellen Zugriff oder Reihenfolgezugriff werden die Daten in der Reihenfolge bearbeitet, in der sie abgespeichert sind. Beim wahlfreien oder direkten Zugriff können die Daten in beliebiger und von der Speicherung unabhängigen Reihenfolge bearbeitet werden. Für die serielle Zugriffsart ist das Magnetband und für die wahlfreie Zugriffsart die Magnetplatte der typische Vertreter.

38. Bei einer Festplatte ist im Gegensatz zur Wechselplatte die Platte bzw. der Plattenstapel fest in das Plattengerät eingebaut und nicht auswechselbar.

39. Eine Diskette stellt eine spezielle Version der Magnetplatte in Form einer biegsamen Scheibe von der Größe einer Single-Schallplatte mit einer Speicherkapazität von bis zu 1 Mill. Zeichen dar.

40. Bei der maschinellen Direktlesung werden an Belegen unterschieden:
    — Markierungsbeleg,
    — Magnetschriftbeleg,
    — Klarschriftbeleg,
    — Handschriftbeleg.

41. Im Gegensatz zu den nur maschinell lesbaren Datenträgern zeichnen sich die Belege bei der maschinellen Direktlesung durch maschinelle und visuelle Lesbarkeit aus, womit der Vorgang der Datenerfassung erleichtert wird. Zusätzlich zu ihrer Funktion als Datenträger sind sie der manuellen Überprüfung und Interpretation zugänglich und lassen sich außerdem bezüglich Abmessung, Aufteilung und Beschriftung individuell gestalten.

42. Markierungsbelege finden insbesondere dort Verwendung, wo nur eine begrenzte Anzahl von Angaben mit jeweils vorgegebener und begrenzter Antwortvielfalt erforderlich ist. Beispiele dafür sind statistische Fragebögen, Auftrags- und Bestellformulare, Inventurlisten usw.

43. Die maschinelle Lesbarkeit beruht auf der in Folge einer magnetisierbaren Druckfarbe erkennbaren Verteilung der Abstände von sieben senkrechten Strichen.

44. Klarschriftbelege werden in der Bundesrepublik Deutschland vorwiegend im bargeldlosen Zahlungsverkehr eingesetzt.

45. Beim Klarschrift- wie auch beim Handschriftbeleg beruht die maschinelle Lesbarkeit auf dem Hell-/Dunkelunterschied und auf der Form der Hell-/Dunkel-Konturen.

46. Kriterien zur Beurteilung und Unterscheidung von Speichern sind:
    — Speicherkapazität,
    — Zugriffszeit,
    — Zugriffsart,
    — Permanenz,
    — Kosten.

47. Bei der Datenspeicherung wird zwischen dem Reihenfolge- oder seriellen Zugriff und dem wahlfreien oder direkten Zugriff unterschieden.

48. Interne und externe Speicher unterscheiden sich in erster Linie hinsichtlich der Kriterien Kapazität, Zugriffszeit und Kosten. Gegenüber den externen Speichern hat ein interner Speicher eine sehr kurze Zugriffszeit, geringe Kapazität und ist teuer.

49. Als Einheit für die Speicherkapazität wird K (1 K = 1024) verwendet. Die Kapazitäten werden also als Vielfache von K angegeben.

50. In der EDV unterscheidet man zwischen der Gruppe der internen Speicher und der Gruppe der externen Speicher.

51. Externe Speicher dienen zur:
    — Speicherung großer Datenbestände,
    — Zwischenspeicherung von Ein- und Ausgabedaten,
    — Speicherung von Programmen,
    — Zwischenspeicherung von Programmteilen.

52. In der kommerziellen Datenverarbeitung werden besonders das Magnetband und die Magnetplatte verwendet.

53. Ein Computerprogramm ist eine Arbeitsvorschrift. Es besteht aus einer geordneten Folge von Anweisungen. Ein Programm sorgt für die Eingabe, Verarbeitung und Ausgabe der Daten.

54. Maschinenorientierte Programmiersprachen sind anlagenbezogen, d. h., sie sind der technischen Konzeption der jeweiligen Datenverarbeitungsanlage angepaßt. Maschinenorientierte Programmiersprachen werden unterteilt in die Maschinensprachen und die maschinennahen Sprachen.

55. Problemorientierte Programmiersprachen zeichnen sich dadurch aus, daß sie anlagenunabhängig und auf das zu lösende Problem ausgerichtet sind. Sie werden weiter unterteilt in die problemorientierten Universalsprachen und die problemorientierten Spezialsprachen.

56. Programme, die in problemorientierten Programmiersprachen geschrieben sind, benötigen in der Regel mehr Speicherplatz und mehr Zeit zur Ausführung als in maschinenorientierten Sprachen geschriebene vergleichbare Programme. Die Möglichkeiten einer Datenverarbeitungsanlage lassen sich mit problemorientierten Sprachen nicht so gut ausnutzen wie mit maschinenorientierten Sprachen.

57. Unter dem Quellenprogramm versteht man das vom Programmierer in einer maschinennahen oder problemorientierten Sprache geschriebene Programm. Das Objektprogramm ist das vom Computer ausführbare Programm in der Maschinensprache. Mit Hilfe eines Übersetzungsprogramms wird das Quellprogramm in das Objektprogramm übersetzt.

58. Typisch kommerzielle Sprachen sind COBOL und RPG. Universell einsetzbare Sprachen sind PL/1, FORTRAN und BASIC.

59. Beim Compiler wird das Quellprogramm in einem gesonderten Übersetzungslauf insgesamt in das Objektprogramm übersetzt. Die Ausführung des Programms kann erst nach vollständiger Übersetzung erfolgen. Das Objektprogramm liegt explizit vor und kann als solches abgespeichert werden. Vom Interpreter wird jede Anweisung des Quellprogramms nach ihrer Übersetzung sofort ausgeführt. Ein Objektprogramm im eigentlichen Sinne liegt nicht vor, da ein gesonderter, vollständig in sich abgeschlossener Übersetzungslauf nicht stattfindet. Übersetzung und Ausführung gehen überlappt vor sich.

60. Der Begriff DVS bedeutet Datenverarbeitungssystem; er drückt die Synthese aus Hardware, Software und Organisation aus.

61. Erst die Verbindung der drei Teile Hardware, Software und Organisation zu einem Ganzen ermöglicht die automatisierte Verarbeitung von Daten. Die DVA muß, um nicht nur funktionsfähig zu sein, sondern auch wirtschaftlich arbeiten zu können, beim Benutzer in ein System eingegliedert werden.

62. Ein Betriebssystem besteht aus einer Reihe von Systemprogrammen, die in Steuer- und Arbeitsprogramme aufgeteilt werden. Die Steuerprogramme wiederum gliedern sich auf in den Ablaufteil, den Ein-/Ausgabeteil und den Monitor, die Arbeitsprogramme in Übersetzungsprogramme, Dienstprogramme und Testhilfen.

63. Mit Systemresidenz bezeichnet man den externen Speicher, auf dem die nicht ständig benötigten Teile des Betriebssystems abgespeichert sind.

64. Arbeitsprogramme haben die Aufgabe, die Arbeit mit der DVA zu unterstützen und die Lösung vieler Aufgaben mit stark reduziertem Eigenprogrammieraufwand zu ermöglichen. Durch die Arbeitsprogramme wird dem Anwender letztlich die Benutzung des Computers erleichtert.

65. Nein, für eine Anlage gibt es nicht nur ein bestimmtes Betriebssystem. Für dasselbe Anlagemodell können abhängig vom Einsatzgebiet, vom Nutzungsgrad, von der Geräteausstattung, von der Betriebsart und den verwendeten Programmiersprachen verschiedene Zusammenstellungen von Systemprogrammen sinnvoll sein und damit auch verschiedene Betriebssysteme verwendet werden.

66. Die Stapelverarbeitung.

67. Echtzeitverarbeitung wird dort betrieben, wo die Daten unmittelbar nach ihrem Auftreten sofort bearbeitet werden müssen, z. B. bei Auskunftssystemen aller Art oder bei der Prozeßverarbeitung.

68. Grundlage für den Spool-Betrieb ist der Geschwindigkeitsunterschied zwischen den Ein-/Ausgabegeräten einerseits und der Zentraleinheit bzw. den externen Speichern andererseits.

69. Ein virtueller Speicher ist die Abbildung eines theoretisch beliebig großen Hauptspeichers auf einem externen Speicher mit Direktzugriff. Er ist in gleichgroße Teile eingeteilt, die der Hauptspeicher jeweils dann übernimmt, wenn er die darauf befindlichen Teile benötigt.

70. Beim Multiprogramming erfolgt die Zuteilung auf Grund von Prioritäten, wogegen dies beim Time-Sharing durch Zeitteilung geschieht. Alle Programme haben beim Time-sharing gleiche Priorität. Innerhalb eines Zeitgrundzyklusses steht jedem Programm dasselbe Zeitsegment zur Verfügung.

71. Beim Multiprocessing ist auf Grund der mehrfach vorhandenen Zentraleinheiten oder zumindest der mehrfach vorhandenen Steuer- und Rechenwerke eine echte parallele Mehrprogrammabwicklung möglich, wogegen beim Multiprogramming auf Grund der nur einmal vorhandenen Zentraleinheit wohl mehrere Programme zeitlich gegeneinander verschoben, aber zu einem bestimmten Zeitpunkt immer nur eines bearbeitet werden kann.

72. Bei einem Rechnerverbundnetz arbeiten mehrere Computer zusammen, wobei diese Zusammenarbeit nur über Datenfernverarbeitung möglich ist.

73. Bei einem über EDV abgewickelten Auskunfts- und Buchungssystem eines Reiseveranstalters sind wohl die Betriebsarten Time-Sharing, Datenfernverarbeitung und Echtzeitverarbeitung kombiniert.

74. Unter Kompatibilität versteht man die Tatsache, daß Geräte, Daten, Datenträger und Programme ohne besondere Anpassungsmaßnahmen ausgetauscht werden oder miteinander verbunden werden können. Kompatibilität bedingt, daß Geräte problemlos durch leistungsfähigere ersetzt werden können und eine technische Umstellung keine zwingende Umstellung der Programme, Daten und Datenträger nach sich zieht.

75. Von einer Systemfamilie spricht man, wenn ein System von verschiedenen kompatiblen Anlagemodellen eines Herstellers existiert. Diese verschiedenen kompatiblen Anlagemodelle haben wohl verschiedene Leistungsmerkmale, sind aber bezüglich der Funktion, Arbeitsweise und Ausbaufähigkeit aufeinander abgestimmt.

76. In der Projektierungsphase erfolgt die Planung des EDV-Einsatzes. Sie gliedert sich in die Schritte: Erfüllung von Grundbedingungen, Darstellung des Ist-Zustandes, Problemanalyse und Entwicklung einer Soll-Konzeption.

77. Ergebnis der Projektierungsphase ist ein Abschlußbericht, in dem die Forderungen an die EDV und die Möglichkeit der Realisierbarkeit durch die EDV sowie ein Überblick über die Art und Weise der Realisierung und Vorstellungen über die Vorteile der Lösung durch die EDV niedergelegt sind. An Hand dieses Abschlußberichtes wird über die weitere Realisierung des geplanten Projekts beschlossen.

78. Grundbedingungen für einen wirtschaftlichen EDV-Einsatz sind
— ein umfangreicher Datenanfall und
— sich ständig wiederholende Arbeitsprozesse.

79. Die Ist-Analyse gliedert sich in die drei Abschnitte: Ermittlung der Betriebsstruktur, Feststellung der Bearbeitungsregeln und Analyse der Daten.

80. Ergebnis der Problemanalyse ist das Erkennen der auf die EDV zukommenden konkreten Probleme.

81. Bei der Entwicklung einer Soll-Konzeption werden die von der EDV zu lösenden Probleme dargelegt und Vorschläge zur Art der Problemlösungen gemacht. Insbesondere werden Kapazitäten betrachtet, Wirtschaftlichkeitsvergleiche angestellt, neue Arbeitsabläufe entwickelt, Anforderungen an die EDV ermittelt und ein Realisierungsplan ausgearbeitet.

82. Die Einsatzvorbereitung läuft in den Schritten Festlegung der Daten und Dateien, Festlegung der Verarbeitungskonzeption, Programmierung, Programmtest und Dokumentation ab.

83. An Flußdiagrammen unterscheidet man den Datenflußplan und den Programmablaufplan. Der Datenflußplan stellt in graphischer Form den Organisations-, Daten- und Arbeitsablauf für ein Arbeitsgebiet dar. Der Programmablaufplan stellt in graphischer Form die zeitliche Aufeinanderfolge der einzelnen Arbeitsschritte im Computer dar. Der Programmablaufplan ist die allgemeinverständliche Darstellung der Verarbeitungsvorschriften.

84. Programmieren heißt: Festlegung und computerverständliche Darstellung der zur Lösung einer Aufgabe erforderlichen Aufeinanderfolge von Arbeitsschritten. Programmieren beinhaltet die Erstellung des Programmablaufplanes und die anschließende Codierung.

85. An Testphasen unterscheidet man den Schreibtischtest, den formalen Test und den logischen Test. Im Falle einer Verknüpfung mehrerer Programme miteinander oder der Verwendung von Unterprogrammen gibt es zusätzlich noch den sogenannten Kett-Test.

86. Die Dokumentation von Programmen ist unbedingt notwendig, weil nur dadurch die Möglichkeit besteht, Korrekturen, Änderungen oder Ergänzungen im Programm vorzunehmen.

87. In der Übernahme- und Kontrollphase erfolgt der Übergang vom alten konventionellen Verfahren zum aktuellen Einsatz des neu entwickelten EDV-Verfahrens im täglichen Betriebsgeschehen.

88. Durch einen Parallel-Lauf zwischen dem alten konventionellen Verfahren und dem neu entwickelten EDV-Verfahren wird festgestellt, ob und wo Ungereimtheiten und Unstimmigkeiten auftreten. Durch Soll-/Ist-Vergleiche wird die Richtigkeit der Ergebnisse und die Durchführbarkeit der Verfahren sowie die Übereinstimmung mit dem projektierten Ablauf und die Wirtschaftlichkeit kontrolliert. Diese Parallel-Arbeiten und die Soll-/Ist-Vergleiche müssen über einen längeren Zeitraum hinweg durchgeführt werden.

89. Ja, wenn sich nicht behebbare und das wirtschaftlich vertretbare Maß überschreitende Mängel herausstellen, so erfolgt keine Freigabe des EDV-verfahrens und über die Rückkehr in die Projektierungsphase und Änderung des Soll-Konzepts mit nachfolgender neuer Realisierung muß eine Behebung der Mängel versucht werden.

90. a) Bearbeiten allgemein
    b) Sortieren
    c) Datenträger allgemein
    d) Magnetplatte

91. Fortschreiben einer Datei bedeutet, daß eine Datei durch neu hinzugekommene Daten ergänzt und damit aktualisiert wird.

92. Die Richtung von Flußlinien läuft, wenn nicht durch einen Pfeil anderes angegeben ist, von oben nach unten bzw. von links nach rechts.

93. a) Eingabe, Ausgabe
    b) Verzweigung

94. Folgende Grundstrukturen lassen sich unterscheiden: linearer Programmablauf, Programmverzweigung und zyklischer Programmablauf oder Programmschleife.

95. Ein Zähler dient zum Zählen der Anzahl von irgendwelchen Ereignissen oder Daten mit irgendwelchen bestimmten Eigenschaften. Er wird dadurch realisiert, daß der Inhalt einer Speicherstelle im Hauptspeicher immer dann um 1 erhöht wird, wenn eine dem jeweiligen Zähler zugeordnete Eigenschaft oder ein dem jeweiligen Zähler zugeordnetes Ereignis zutrifft.

96. Ein Gruppenwechsel tritt dann auf, wenn verschiedene Datensätze mit unterschiedlichen Gruppenbegriffen auftreten. Das Ende der Sätze mit einem bestimmten Gruppenbegriff und der Beginn von Sätzen mit einem anderen Gruppenbegriff wird als Gruppenwechsel bezeichnet.

97. Unterprogramme stellen ein wichtiges Hilfsmittel zur Rationalisierung des Programmierens dar. Durch sie kann der Programmieraufwand erheblich erleichtert und die Größe eines Programms erheblich reduziert werden. Ein Unterprogramm stellt einen selbständigen Programmteil dar, der sich beliebig oft an jeder Stelle in das Hauptprogramm einbauen läßt.

98. Durch Programmsegmentierung, d. h. durch Aufteilung des Programms in mehrere Segmente, von denen immer nur eines oder wenige den Hauptspeicher belegen, während die übrigen auf einem externen Speicher bereitstehen.

99. Die Prüfziffer wird nach einem bestimmten mathematischen Verfahren berechnet und mit in den Computer eingegeben. Dort findet ein Vergleich der eingegebenen mit der vom Computer nochmals auf Grund desselben mathematischen Verfahrens errechneten Prüfziffer statt. Ist nun bei der Eingabe ein Fehler vorgekommen, so stimmen eingegebene und erneut berechnete Prüfziffer nicht überein, beim Vergleich wird eine Abweichung festgestellt und daraus ein Fehler abgeleitet.

100. In der Praxis haben sich die sogenannten Modulo-Verfahren durchgesetzt.

101. Der Datenschutz hat die Aufgabe, Daten vor Zweckentfremdung und Mißbrauch zu schützen, wogegen bei der Datensicherung Vorkehrungen gegen den Verlust von Daten getroffen werden.

102. Unter dem Begriff der Datenhierarchie versteht man die Abstufung der Daten von dem Zeichen über das Feld zum Satz zur Datei. Daten bestehen aus Zeichen; mehrere Zeichen mit einer bestimmten Sinneinheit bilden ein Feld; die zu einer bestimmten Begriffseinheit zusammengefaßten Felder ergeben den Satz; alle gleichartigen Sätze letztlich werden zu der Datei zusammengefaßt.

103. An Organisationsformen zur Speicherung von Datenbeständen auf externen Speichern unterscheidet man:
— sequentielle Speicherorganisation,
— gestreute Speicherorganisation,
— indexsequentielle Speicherorganisation,
— gekettete Speicherorganisation.

104. Bei der index-sequentiellen Speicherorganisation erhält man die Speicheradresse eines Datensatzes aus dem sogenannten Indexbereich, der eine Art Inhaltsverzeichnis darstellt. Bei der gestreuten Speicherorganisation wird die Speicheradresse eines Datensatzes aus dem Ordnungsbegriff dieses Datensatzes errechnet. Bei der index-sequentiellen Speicherorganisation erfolgt die Zuordnung vom Ordnungsbegriff zumSpeicherplatz also durch eine Tabelle, bei der gestreuten Speicherorganisation durch Berechnung.

105. Unter einer Datenbank versteht man eine umfassende Sammlung von Dateien, die über ein sogenanntes Datenverwaltungssystem bearbeitet wird. Datenbanken bilden die Grundlage für Informationssysteme.

# Literaturverzeichnis

Bischoff, O.: Datenverarbeitung, 4. Auflage, Berlin u. Zürich 1974

Brender, W. E.: Datenverarbeitung, Wissen für den kaufmännischen Beruf, Stuttgart 1976

Dworatschek, S.: Grundlagen der Datenverarbeitung, 6. Auflage, Berlin u. New York 1977

Erbslöh, D.: Betriebliche EDV, Stuttgart 1978

Fischbach, F., Groß, J.: Programmierlogik, Köln 1976

Gould, I. H.: IFIP — Sachwörterbuch der Datenverarbeitung, Frankfurt 1977

Hackenberg, H.: Automatische Datenverarbeitung, 2. Auflage, Berlin u. Zürich 1975

Hub, H.: Betriebsorganisation, Wiesbaden 1976

Knapp, O.: EDV, Stuttgart 1975

Löbel, G., Schmid, H., Müller, P.: Lexikon der Datenverarbeitung, München 1969

Lönneker, W.: Mittlere Datentechnik. In: Handbuch der modernen Datenverarbeitung, Stuttgart 1978

Mader, C., Hagin, R.: Datenverarbeitungssysteme, Stuttgart 1976

Niemeyer, G.: Einführung in die elektronische Datenverarbeitung, München 1975

Olf, F. K.: Lesende Computer, Köln 1973

Pusch, E.: Einführung EDV, München 1977

# Lehrunterlagen
## für den Handels-Fachwirt

Wirtschaftliche Grundlagen, Teil 1, 2 und 3

Rechtslehre, Teil 1 (Einführung in das Recht, BGB — Allgemeiner Teil) und Teil 2 (Schuldrecht — Sachenrecht — Verfahrensrecht — Rechtsformen der Unternehmen)

Handelsrecht

Betriebliches Finanz- und Rechnungswesen, Teil 1 (Zahlungsverkehr, Kreditverkehr, Betriebliche Finanzierung)

Betriebliches Finanz- und Rechnungswesen, Teil 2 (Buchhaltung und Abschluß)

Betriebliches Finanz- und Rechnungswesen, Teil 3 (Kosten- und Leistungsrechnung)

Betriebliches Finanz- und Rechnungswesen, Teil 4 (Bilanz und Gewinn- und Verlustrechnung)

Betriebliches Finanz- und Rechnungswesen, Teil 5 (Steuern im Betrieb)

Grundlagen der Statistik

Betriebsorganisation

Arbeitsmethodik und Rhetorik

Diskussions- und Verhandlungstechnik

Betriebliches Personalwesen, Teil 1 und 2

Beschaffungs- und Lagerwesen

Absatzwirtschaft

Methoden der Unternehmensführung, Teil 1 (Mit einer Einführung in das betriebswirtschaftliche Denken) und Teil 2 (Führungstechniken)

Betriebe als Teil der Volkswirtschaft

Handelsbetriebe als Teil der Volkswirtschaft

Unternehmensführung im Handel

Beschaffung und Lagerhaltung im Handelsbetrieb

Absatzwirtschaft im Handelsbetrieb

Kosten- und Leistungsrechnung im Handel

Spezielle Rechtsfragen im Handel